29
Cu
Au
79
F
30
Zn
925

50
29
Cu
Au
79
30
Zn
1
925

29
Cu
Au
79
F
30
Zn
925

50
29
Cu
Au
79
30
Zn
925
1

# 금속의 쓸모

귀하지만 쓸모없는, 쓸모없어도 중요한
유용하고 재미있고 위험한 금속의 세계사

# 금속의 쓸모

표트르 발치트 글 | 빅토리야 스테블레바 그림
기도현 옮김 | 김경숙 감수

북멘토

## 제1장 금속이란 무엇일까?

## 제2장 금속을 어떻게 찾아낼까?

## 제3장 금속 산업은 어떻게 발전했을까?

## 제4장 금속을 어떻게 얻을까?

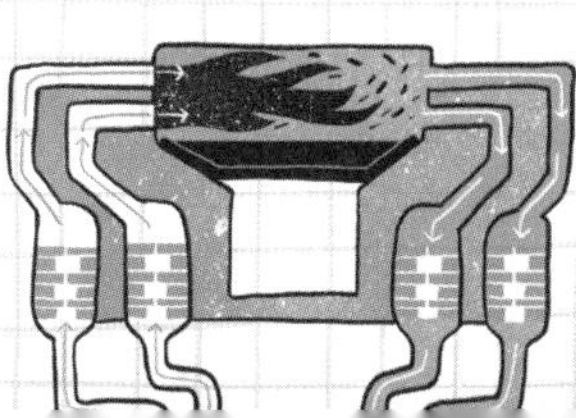

## 제5장 금속을 어떻게 활용할까?

## 제6장 금속을 어떻게 보호할까?

## 제7장 금속은 우리 삶에 어떤 영향을 끼칠까?

안녕하세요, 여러분!

들어가는 말

# 세상에서 금속이 사라진다면?

뒤숭숭한 어느 날 아침, 금속들이 하나둘씩 지구에서 사라진다고 상상해 봅시다. 먼저, 아침 식사를 하러 주방에 들어가면 냄비와 커피포트, 숟가락과 포크, 가스레인지, 싱크대의 수도꼭지와 냉장고가 모두 사라졌을 것입니다. 벽을 지탱하는 콘크리트 속 철근들도 없어졌을 테니 서둘러 집 밖으로 뛰쳐나가야 합니다. 집이 곧 무너질 테니까요. 우리가 자주 쓰는 컴퓨터는 플라스틱 부품이라도 몇 개 남을 테니 크게 걱정하지 않아도 됩니다. 그보다 책은 꼭 쥐고 있어야 합니다. 책들을 인쇄할 때도 금속이 사용되기 때문에 금속이 사라지면 더 이상 책을 볼 수 없을지도 모릅니다.

특히 석기 시대에 관한 책은 꼭 보관해야 합니다. 금속이 사라지면 자동차, 기차 같은 탈것들과 각종 기계, 심지어 칼과 도끼 같은 도구들도 사라지기 때문에 우리는 옛날 석기 시대처럼 모든 도구를 다시 돌로 만들어야 하는데, 그때 석기를 다루는 책이 필요할지 모르니까요.

더 나아가 금속이 완전히 사라진다면 우리가 사는 이 행성 자체가 없어질지도 모릅니다. 왜냐하면 철과 니켈이 주성분인 지구의 핵이 텅 비게 될 테니까요. 핵이 사라지면 핵이 만들어 내는 지구 자기장도 사라지고, 지구 자기장이 사라지면 외계에서 오는 해로운 우주 방사선으로부터 지구를 보호할 수 없게 됩니다. 금속이 없다면 지구에 사는 동물도 생명을 유지할 수 없습니다. 칼슘이 없으면 치아와 뼈는 부서져 가루가 되고, 철분이 없다면 혈액이 몸 전체에 산소를 운반할 수 없게 되지요. 동물뿐만이 아닙니다. 광합성에 중요한 역할을 하는 마그네슘이 없다면 식물은 더 이상 산소를 내뿜지 않게 될 것입니다.

다행히 이런 끔찍한 일은 상상 속의 가정일 뿐입니다. 우리가 사는 이 세상에는 계속해서 금속이 존재할 테니까요.

여러분이 만약 기계를 잘 다루는 엔지니어나, 광석에서 금속을 골라내 정제하거나 합금해 금속 재료를 만드는 방법을 연구하는 야금학자, 의사나 역사가 혹은 화가가 되고 싶다면 금속에 대해 잘 알아야 합니다. 청동은 어떻게 고대 문명의 토대가 되었을까요? 왜 열심히 뛰고 나면 다리에 쥐가 날까요? 오래된 그림은 왜 색이 바래고 또 그렇게 변색된 그림들은 어떻게 복원할 수 있을까요? 해양 생태계의 생산성은 무엇에 의해 결정될까요?

우린 이 책에서 위와 같은 질문들을 포함해 더 많은 질문에 대해 답을 찾아볼 것입니다.



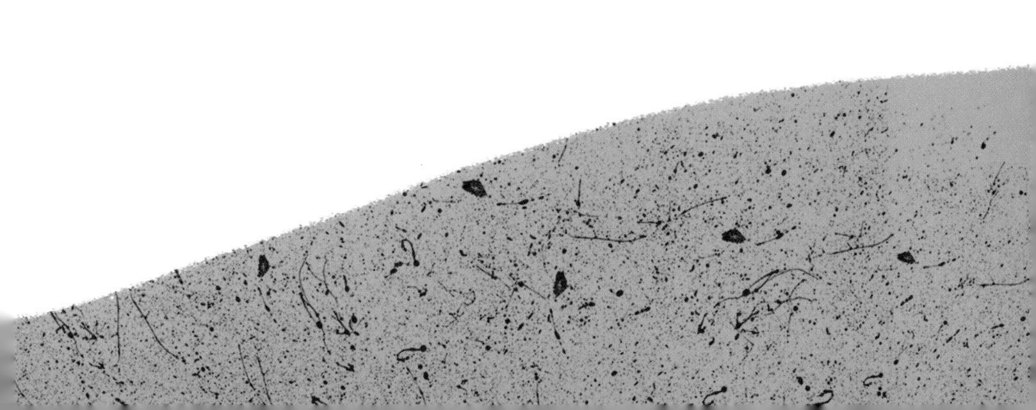

금속인가,
금속이 아닌가?
그것이 문제로다.

## 제1장

# 금속이란 무엇일까?

금속이란 도대체 무엇일까요? 모든 금속은 빛이 납니다. 하지만 빛난다고 해서 모두 금속은 아닙니다. 은빛으로 빛나는 장난감 자동차는 무엇으로 만들어졌을까요? 영화 속 주인공이 휘두르는, 햇빛에 반사되는 검이나 반짝거리는 사탕 껍질은 무엇으로 만들었을까요? 단지 빛난다는 사실만으로는 금속의 특징을 설명하기에 충분하지 않습니다. 여러분은 금속을 그저 단단한 물질 정도로 생각할 수도 있습니다. 하지만 오세아니아 대륙의 어떤 섬에서는 단단한 나무로 무기를 만들기도 했습니다. 강철을 대체할 정도로 무척 단단한 나무로 말이지요. 반짝거리는 '광택'과, 단단한 정도를 나타내는 '경도'는 금속과 다른 물질을 구별하는 기준이 될 수 있을까요?

## 금속의 무게

금속 장난감은 금속 원료로 덧칠된 플라스틱 장난감과 쉽게 구별됩니다. 왜냐하면 금속은 플라스틱보다 훨씬 무겁기 때문이지요. 여기에 금속의 비밀이 숨어 있습니다. 그렇다면 금속은 무게가 많이 나가는 물질을 뜻할까요?

몇몇 금속은 물보다도 가벼워서 물속으로 던지면 조각들이 가라앉지 않고 물 표면을 떠다닐 것입니다. 이렇게 물보다 가벼운 금속으로는 리튬, 나트륨, 칼륨 등이 있습니다. 이 금속들을 물속으로 던지면 물 위에 잠시 떠다니다가 치이익 소리를 내며 녹아 염기성이 되지요.

## 금속의 모양과 상태

납은 망치질로 쉽게 납작하게 만들 수 있습니다. 나트륨과 칼륨은 고무찰흙처럼 칼로 자를 수 있지요. 세슘과 루비듐은 손으로 쉽게 구부릴 수 있습니다(장갑을 끼지 않으면 화상을 입으니 조심해야 합니다). 상온에서 액체 상태인 수은은 어는점이 영하 38.83℃로 영하 40℃에서는 물론 얼지만, 그때도 여전히 부드럽고 잘 늘어납니다. 그래서 이때의 수은은 물체의 단단한 정도를 나타내는 경도를 측정할 수 없지요.

어떤 금속은 30℃ 정도의 일반적인 조건에서 액체 상태일 수 있습니다. 아주 희귀한 방사성 금속인 프랑슘 이야기입니다. 왜 '대략' 30℃일까요? 프랑슘은 지구에 존재하는 양이 채 30g도 되지 않습니다. 그래서 프랑슘이 대략 몇 ℃에서 녹는지 실험을 제대로 할 수가 없지요.

설령 과학자들이 충분한 양의 프랑슘을 얻는 데 성공하더라도 프랑슘이 녹은 이유를 명확히 알 수가 없습니다. 프랑슘은 방사능을 내뿜으며 스스로 열을 내기 때문입니다. 자연 상태에서 프랑슘은 방사능 원소들의 붕괴 과정을 통해 끊임없이 형성되지만, 몇 분 만에 분해되어 다른 원소로 변해 버립니다.

## 아이스크림 전용 숟가락

순수한 금속을 제외하더라도 금속들의 혼합물, 즉 합금도 액체 상태일 수 있습니다. 갈륨과 인듐 그리고 주석으로 만든 합금이 있는데, 이 합금은 10.6℃에서 녹습니다. 이런 합금으로 숟가락을 만들면 겉은 평범한 금속 숟가락처럼 보이겠지만 서늘한 날씨일 때만 사용하거나 아이스크림을 먹는 용도로만 사용해야 할 것입니다. 그리고 이 숟가락은 반드시 냉장고에 보관해야겠지요. 그렇지 않으면 숟가락이 녹아서 은색 액체가 되어 테이블 위로 흘러내릴 테니까요.

순수한 갈륨으로 만든 숟가락은 상온(15℃)일 때 테이블 위에서 녹지 않지만, 이런 숟가락은 미지근한 차 한 잔에서는 녹을 수 있다. 왜냐하면 순수 갈륨은 30℃ 이상에서 녹기 때문이다.

## 열과 전기를 전도하는 안내자

만약 여러분이 전기에 대해 조금이라도 안다면(적어도 철사와 핀셋을 콘센트에 꽂으면 위험하다는 것을 안다면), '전기를 흐르게 하는 것(전기 전도성)'이 금속의 성질이라는 사실을 알 수 있습니다. 이러한 특성 때문에 금속은 다른 물질과 구별됩니다. 그뿐만 아니라 금속은 열도 전도합니다. 뜨거운 프라이팬에 손을 데어 본 적이 있다면 확실히 알 것입니다. 다른 물질과 구별되는 금속의 특징을 확인하기 위한 실험을 해 볼까요?

## 실험 1 금속은 전류가 통할까?

### 실험 목표

**금속이 전기를 전도하는지 확인하기**

### 준비물

- 전기 과학 교구 세트

**또는**

- 구리 전선 3개
- 발광 다이오드(LED) 1개
- 클립이나 테이프
- 건전지, 면장갑



일반적인 꼬마전구가 아닌 LED 전구를 사용하는 것이 더 좋다. LED 전구는 매우 약한 전류만으로도 빛을 낼 수 있으며, 실험 목표에 맞는 결과를 쉽게 보여 주기 때문이다. 또한 LED 전구는 +극, -극 같은 전극을 가지고 있다. 즉, 한쪽 방향에서만 전류를 내보내기 때문에 LED 전구를 회로에 올바른 방향으로 연결해서 실험해 보자.

### 실험 준비

1. 과학 교구 세트에 들어 있는 LED 전구에 전선 두 개를 연결한다. +극과 -극을 확인하면서 건전지를 삽입한다.

**또는**

1. 구리 전선 두 줄을 건전지의 +극과 -극에 연결하고 테이프나 클립으로 고정한다(주의! 장갑 끼는 것을 잊지 말 것).

2 건전지의 +극과 -극을 확인하면서 전선 하나를 LED 전구에 연결한다.

3 마지막으로 남은 전선 하나를 LED 전구에 연결한다.

전선 끝을 못이나 금속성 물체에 연결해 보자. 전구에 불이 들어오면 실험 준비가 완료된 것이다. 만약 전구에 불이 들어오지 않으면 건전지가 제대로 삽입되었는지, 전선을 전구에 올바르게 연결했는지, 건전지의 전량이 충분한지 확인해 본다.

### 우리가 할 것

전선 끝을 프라이팬, 포일, 사탕 껍질, 유리잔, 깡통 등 다양한 물체에 연결해 보자. 연결하기 전에 전선이 물체에 닿는 부분을 깨끗이 닦아야 한다. 사탕 껍질에 초콜릿이 묻어 있으면 LED 전구에 불이 들어오지 않기 때문이다. 전구에 불이 들어오는지 확인해 보고 관찰 결과를 아래 표에 기록해 보자.



| 물체 | 전구에 불이 들어오는가? |
|---|---|
| 은수저 | 그렇다 |
| 나무젓가락 | 아니오 |
| 소금물 | |
| 구리 주전자 | |
| 알루미늄 포일 | |
| 철 못 | |
| 구리 전선 | |

### 결론

**모든 금속은 전류가 흐른다. 그뿐만 아니라 물에서도 전기가 흐른다.**
**특히 소금물은 물보다 전기 전도율이 더 높다.**

# 실험 2 금속은 또 무엇을 전도할까?

## 실험 목표

**금속이 열을 전도하는지 확인하기**

## 준비물

- 두께가 같은 구리, 알루미늄, 강철 선 각각 1개
- 왁스(혹은 파라핀, 스테아린 등)
- 옷핀(플라스틱 재질 제외) 15개
- 알코올램프나 휴대용 버너 혹은 양초(화재에 주의할 것!)
- 유리컵, 머그컵 혹은 다른 받침대
- 초시계(휴대 전화로 사용 가능)



## 실험 준비

1. 왁스나 파라핀을 녹인다.
2. 녹은 왁스(혹은 파라핀)를 옷핀 구멍에 살짝 묻히고 왁스가 굳기 전에 구리 선 끝에서 5cm 떨어진 부분에 옷핀을 붙인다.
3. 같은 방법으로 나머지 옷핀들의 구멍에도 왁스를 묻히고, 옷핀 다섯 개를 2cm 간격으로 구리 선 위에 붙인다. 모든 옷핀은 같은 방향(아래쪽)으로 향해야 한다.
4. 구리 선 한쪽 끝을 알코올램프나 촛불 위에 걸쳐 둔다. 그 이후 구리 선이 수평을 유지할 수 있도록 구리 선의 또 다른 끝부분을 머그컵과 같은 받침대에 고정시킨다. 이때 옷핀은 아래 방향으로 구리 선에 매달려 있어야 한다.

## 우리가 할 것

실험 시작 시간을 기록한다. 촛불에 불을 붙이고 옷핀에 묻은 왁스가 열에 의해 녹으면서 떨어지는 시간을 측정한다. 그 이후 측정 결과를 아래 표에 기록한다.

| 금속 선의 종류 | 구리 선 | 알루미늄선 | 강철선 |
| --- | --- | --- | --- |
| 첫 번째 옷핀이 떨어진 시간 | | | |
| 두 번째 옷핀이 떨어진 시간 | | | |
| 세 번째 옷핀이 떨어진 시간 | | | |
| 네 번째 옷핀이 떨어진 시간 | | | |
| 다섯 번째 옷핀이 떨어진 시간 | | | |



## 결론

**모든 금속은 열을 잘 전도한다. 실험한 물질 중에서 열전도율이 가장 높은 금속은 구리이고, 그다음은 알루미늄, 세 번째로는 강철이다.**

겨울철 난방기 라디에이터

## 연성과 광택



금속의 중요한 두 가지 특징은 바로 전기와 열을 '잘' 전도하는 능력입니다. '잘'이라는 표현이 중요한 까닭은 무엇일까요? 예를 들어 천둥이 치는 날에는 전압이 아주 강해서 공기 중에도 전류가 흐릅니다(이것이 바로 번개가 발생하는 원리지요). 하지만 전기 소켓과 같은 일반적인 220볼트 전압으로는 공기 중에서 전기가 흐르지 않습니다. 만약 이와 같은 조건에서 공기 중으로 전기가 흐른다면 전기 소켓 사이에서 번개가 끊임없이 발생하겠지요. 즉, 금속은 공기와 달리 낮은 전압에서도 전류가 잘 흐릅니다.

금속의 독특한 성질은 이것 말고도 더 있습니다. 모든 금속은 특별한 광택을 띠는데, 이러한 광택도 금속의 특징 가운데 하나입니다. 또한 금속은 고체가 외부의 충격에 깨지지 않고 늘어나는 성질인 '연성'이라는 특징을 지닙니다. 망치로 금속을 치면 금속의 모양이 변해서 더는 예전 형태로 돌아가지 않습니다. 반면 똑같은 망치로 고무공을 내려치면 고무공은 원래 형태로 되돌아가 처음처럼 빵빵해집니다. 하지만 금속 철사를 내리치면 철사가 평평해지는데, 평평한 그대로 모양이 유지되지요. 금속 철사를 커다란 금속판 위나 돌 위에 올려 두고 망치로 쳐 보면 결과를 두 눈으로 직접 확인할 수 있습니다.

## 초보자를 위한 원자 물리학

금속의 특성을 다시 정리하면, 금속은 전기와 열을 전도하며, 광택이 나고, 외부에서 충격이 가해지면 형태가 바뀝니다. 그런데 이러한 금속의 여러 가지 특성이 만들어지는 이유는 단 하나입니다. 놀랍게도 그 하나의 이유는 '금속의 원자 구조' 때문입니다. 모든 원자는 핵과 그 핵 주변을 돌고 있는 전자로 구성되어 있습니다. 원자들은 분자의 형태로 '결합'할 때 전자를 서



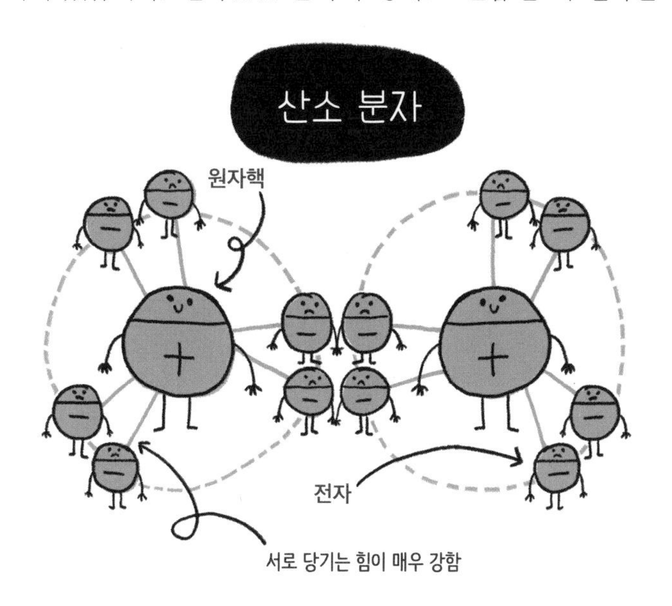

로 공유하지요.

이는 산소와 질소, 물, 설탕, 다이아몬드, 폴리에틸렌 및 기타 물질의 분자가 형성되는 방식입니다. 비금속 물질의 원자는 강한 인력으로 단단하게 전자를 공유하고 있어서 원자 간의 결합이 아주 강력합니다. 세상에서 가장 단단한 물질로 알려진 다이아몬드 원자가 바로 그렇게 결합되어 있지요.

반면 금속 원자는 비금속 물질에 비해 느슨한 인력으로 전자를 공유합니다. 그래서 금속 전체에 걸쳐 전자가 자유롭게 움직이는데 이러한 전자를 '자유 전자'라고 합니다. 이 자유 전자가 바로 금속의 특성을 결정하는 중요한 역할을 합니다.



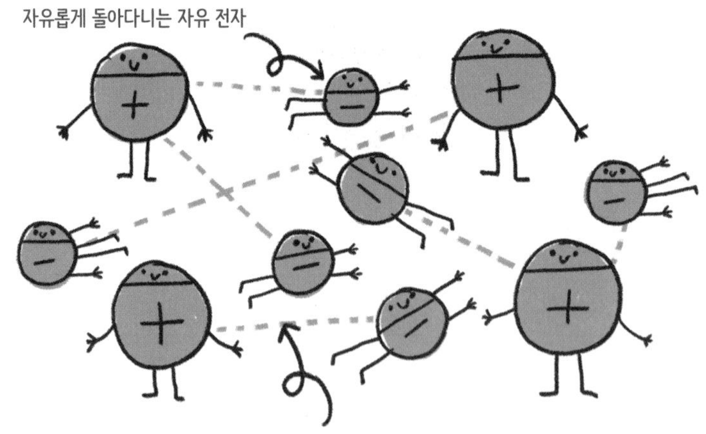

## 지름 2,400km인 분자

엄밀히 말하자면 금속은 일반적으로 분자 개념으로 설명하지 않습니다. 분자는 두 개 이상의 원자가 화학적으로 결합한 물질을 말하는데 금속은 보통 한 종류의 원자로 구성되어 있지요. 하지만 비유적으로 말해서 물이 한 방울이든 한 통이든 물이라는 고유한 특성이 변하지 않듯 금속을 구성하는 원자 개수가 하나든 백 개든 금속의 성질은 변하지 않습니다. 분자 속에서 모든 원자는 서로 연결되어 있기 때문이지요.

손가락에 끼울 수 있는 반지도 분자고 도끼 또한 하나의 분자라고 할 수 있습니다. 금속으로 만들어진 욕조 역시 분자입니다. 우리가 사는 이 세상에서 가장 큰 분자는 바로 철과 니켈로 구성된, 지구의 단단한 내핵입니다. 이 분자는 지름이 약

2,400km나 될 정도로 크지만 이 분자에 들어 있는 모든 원자 또한 자유 전자를 통해 연결되어 있지요.

## 금속 결합 현상

원자들은 자유 전자의 도움을 받아 결합을 이루게 되는데(이를 금속 결합이라고 합니다) 이때 원자들 간의 인력은 아주 강력합니다. 금속인 강철이 얼마나 단단한지 한번 떠올려 보세요. 상대적으로 쉽게 구부러지는 알루미늄이나 구리도 사실 무척 단단한데 구리나 알루미늄선을 끊으려고 하면 쉽게 끊기 힘들다는 사실을 알 수 있습니다. 이때 자유 전자는 금속에 있는 원자의 결합이 끊어지지 않게 하는 동시에 원자들이 서로서로 움직일 수 있도록 도와줍니다. 반면 얼음, 벽돌, 유리, 나무에 충격이 발생할 때 물질이 쪼개지고 갈라지는 것은 원자 결합이 쉽게 끊어지고 결정형들이 붕괴되기 때문에 일어나는 현상입니다. 또한 원자와 원자 사이 결합이 끊어지면 그 결합은 혼자 힘으로 이전 상태로 돌아갈 수 없습니다.



금속은 외부 충격으로 결정형들이 움직이더라도 자유 전자가 원자 사이를 자유롭게 돌아다니며 원자들을 묶어 두는 역할을 하기 때문에 결합이 유지됩니다. 자유 전자 입장에서는 원

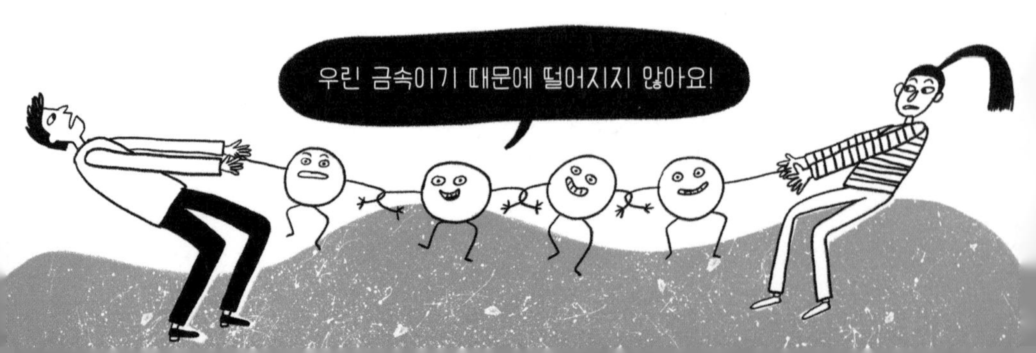

자가 어떤 배열로 결합되어 있는지는 중요하지 않습니다. 이것이 바로 금속의 성질인 '연성'입니다. 금속을 망치로 두드리거나 내려쳐도 길게 늘어나거나 얇게 펴질지언정 조각조각 부서지지 않는 이유가 바로 이 때문이지요.

자유 전자는 전기가 통하는 금속의 특성을 쉽게 설명할 수 있게 도와줍니다. 전류는 전자의 움직이라고 알려져 있는데, 전선을 건전지에 연결하면 건전지에 있는 전자는 곧바로 ⊖극에서 ⊕극으로 흐르게 됩니다. 반면 다이아몬드 결정에서는 전자들이 움직이기 어렵습니다. 원자가 전자를 쇠사슬에 묶어 두는 것처럼 아주 강하게 끌어당기기 때문이지요.



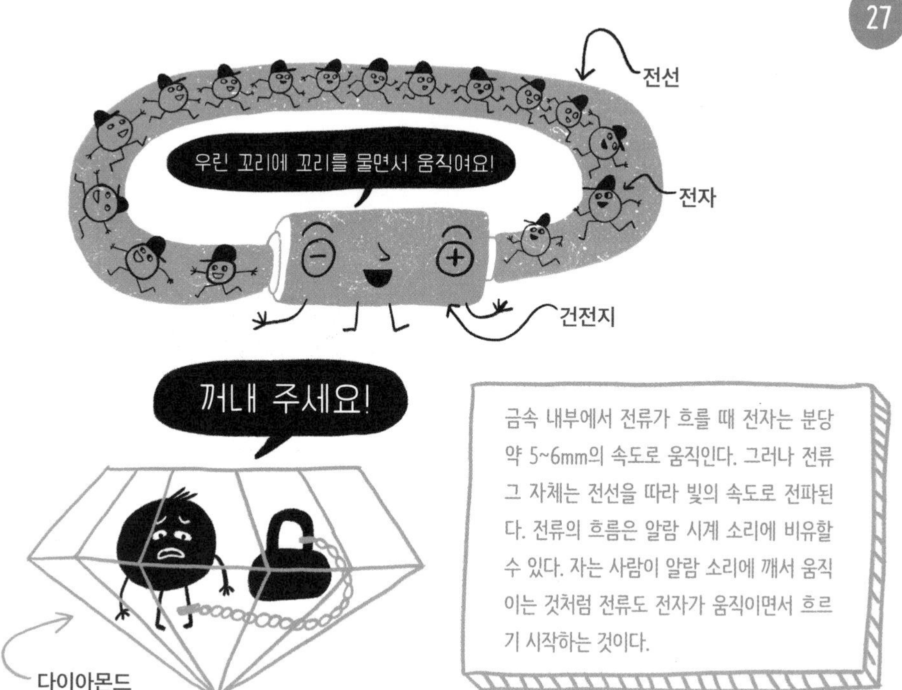


금속 내부에서 전류가 흐를 때 전자는 분당 약 5~6mm의 속도로 움직인다. 그러나 전류 그 자체는 전선을 따라 빛의 속도로 전파된다. 전류의 흐름은 알람 시계 소리에 비유할 수 있다. 자는 사람이 알람 소리에 깨서 움직이는 것처럼 전류도 전자가 움직이면서 흐르기 시작하는 것이다.

## 금속광택의 원리

이제는 금속이 반짝이는 원리를 밝혀 보려고 합니다. 광택이란, 물체에 도달하는 빛을 반사하는 물체의 특징을 말합니다. 표면이 올록볼록하고 거친 물체는 빛을 반사하지 않고 흡수해 소멸시킵니다. 그래서 아주 가느다란 털로 된 벨벳 같은 소재나 고르지 않은 지면에서는 광택이 나지 않지요.

유리나 다이아몬드는 금속광택과는 다른 방식으로 빛이 납니다. 다이아몬드 속 전자들은 원자들 옆에 촘촘히 붙어 있지만 원자들 사이에는 채워지지 않은 아주 미세한 '구멍'들이 있습니다. 물론 그 구멍으로는 분자조차 통과할 수 없지만, 편의상 '구멍'이라고 부르겠습니다. 이 구멍은 너무 작아서 물이나 공기가 통과할 수 없습니다. 하지만 빛의 소립자(물질을 구성하는 가장 작은 입자)는 그 구멍 속으로 미끄러져 들어가는데, 가시광선(사람의 눈으로 볼 수 있는 빛)의 파장 대부분이 그 구멍을 통과하기 때문에 다이아몬드는 무색투명함을 띠게 됩니다. 하지만 금속



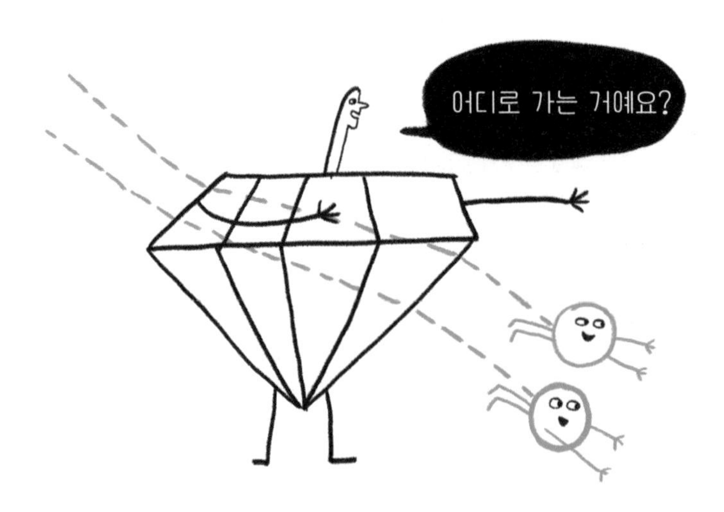

은 원자 사이 모든 공간이 자유 전자로 가득 차 있기 때문에 빛이 금속을 통과하지 못하고 반사되어 우리가 그 빛을 눈으로 볼 수 있는 것이지요.

어떤 사람들은 금속이라고 해서 모두 광택이 나는 것은 아니라고 의문을 가질 수 있습니다. 예를 들어 오래 사용한 알루미늄 팬이나 구리로 만든 지붕이 처음에는 광택이 나지만 몇 년 후에는 광택을 잃는다고 반문하겠지요. 하지만 여기서 요점은 알루미늄이나 구리의 성질이 갑작스레 바뀐 것은 아니라는 점입니다. 사실 그 금속 표면은 더 이상 구리나 알루미늄이 아니라 부식된 녹입니다. 금속 표면의 녹을 닦으면 녹 밑에 숨어 있던 금속은 새것처럼 다시 광택이 납니다.

## 새로운 화학 원소

“얼마나 많은 금속이 세상에 있는가?”에 대한 질문에 대해 과학은 이상하게도 정확히 답을 할 수 없습니다. 과학자들은 끊임없이 새로운 화학 원소를 발견하고 있습니다. 그리고 그 원소들은 대체로 금속으로 밝혀지고 있어서 금속의 수는 계속 증가하고 있지요.

우리에게 알려진 118개의 화학 원소 가운데 무려 94개는 금속과 준금속(비금속과 금속의 중간 성질을 지닌 물질)으로 분류되며, 현재까지 알려진 화학 원소 중 비금속 원소는 24개뿐입니다. 즉, 우리 세상은 대부분 금속으로 이루어졌다고 말할 수 있습니다.

최근에 발견된 금속은 2003년에 발견된 모스코븀입니다. 이 금속은 자연에서 단 1g도 찾기 어렵습니다. 왜냐하면 모스코븀은 반감기(방사성 원소나 소립자가 붕괴하거나 다른 원소로 변할 때 그 원소의 원자 수가 최초의 반으로 줄 때까지 걸리는 시간)가 매우 짧고 불안정해서 순식간에 다른 원소로 변하기 때문입니다. 모스코븀 원자의 절반이 붕괴되는 데 걸리는 시간은 고작 100분의 15초입니다. 이후 남은 절반이 붕괴되는 데 다시 100분의 15초밖에 걸리지 않습니다. 실험실에서도 겨우 100개 정도의 모스코븀 원자를 얻을 수 있지만, 그 원자들 역시 붕괴되는 데 몇 초밖에 걸리지 않지요.

그렇다면 모스코븀 같은 물질은 왜 필요하며 어디에 사용될까요? 물론 집을 짓거나 비행기를 만드는 데 모스코븀을 사용할 사람은 아무도 없을 것입니다. 하지만 인공적으로 합성한 원소를 얻는 것은 과학의 중요한 과제이며 이를 통해 우리는 다

른 물질의 구조를 더욱 잘 이해할 수 있습니다.

과학자들은 원소를 인공적으로 계속 합성하다 보면 결국에는 '안정성의 섬'이라는 원소를 발견할 것이라고 추측합니다. '안정성의 섬'인 원소는 그것이 설령 방사성 물질이라고 하더라도 아주 짧은 시간 안에 붕괴하지는 않을 것입니다. 아마도 이를 통해 모스코븀 같은 원소를 더욱 실용적으로 사용하게 될지도 모르지요.

## 아메리슘에서 모스코븀으로



과학자들은 자연에서 존재하지 않는 새로운 금속을 어떻게 얻을까요? 이 물음에 대해서는 원자 물리학이 답해 줄 것입니다. 각 원소의 원자들은 핵 속 양성자의 개수가 다릅니다. 만약 여러분이 납(원자 번호 82, 82개의 양성자를 포함) 하나를 비스무트(원자 번호 83, 83개의 양성자를 포함)로 바꾸려면 비스무트의 핵에 양성자 하나를 추가해야 합니다. 그런데 이런 작업은 사실 쉽지 않습니다. 원자핵은 밀도가 높을 뿐만 아니라 고정성을 지녀서 새로운 소립자를 자체적으로 허용하지 않기 때문입니다.

새로운 원소들을 합성하고자 할 때 물리학자들은 먼저 입자 가속기라는 기계 안에서 소립자를 엄청난 속도로 가속시킵니다. 그렇게 해서 얻은 소립자의 핵을 다른 소립자에 물리적으로 결합시켜 인위적으로 새로운 원소를 만들어 냅니다. 이와 마찬가지로 모스코븀(원자 번호 115, 115개의 양성자를 포함)을 얻기 위해 과학자들은 칼슘(원자 번호 20, 20개의 양성자를 포함) 원자의 핵으로 아메리슘(원자 번호 95, 95개의 양성자를 포함)에 물리적인 충격을 가했습니다. 이때 두 개의 핵이 엄청난 속도로 충돌해서 하나로 합쳐집니다. 이런 방식으로 115개(95개+20개)의 양성자를 갖는 원자, 즉 모스코븀을 얻는 것이지요.

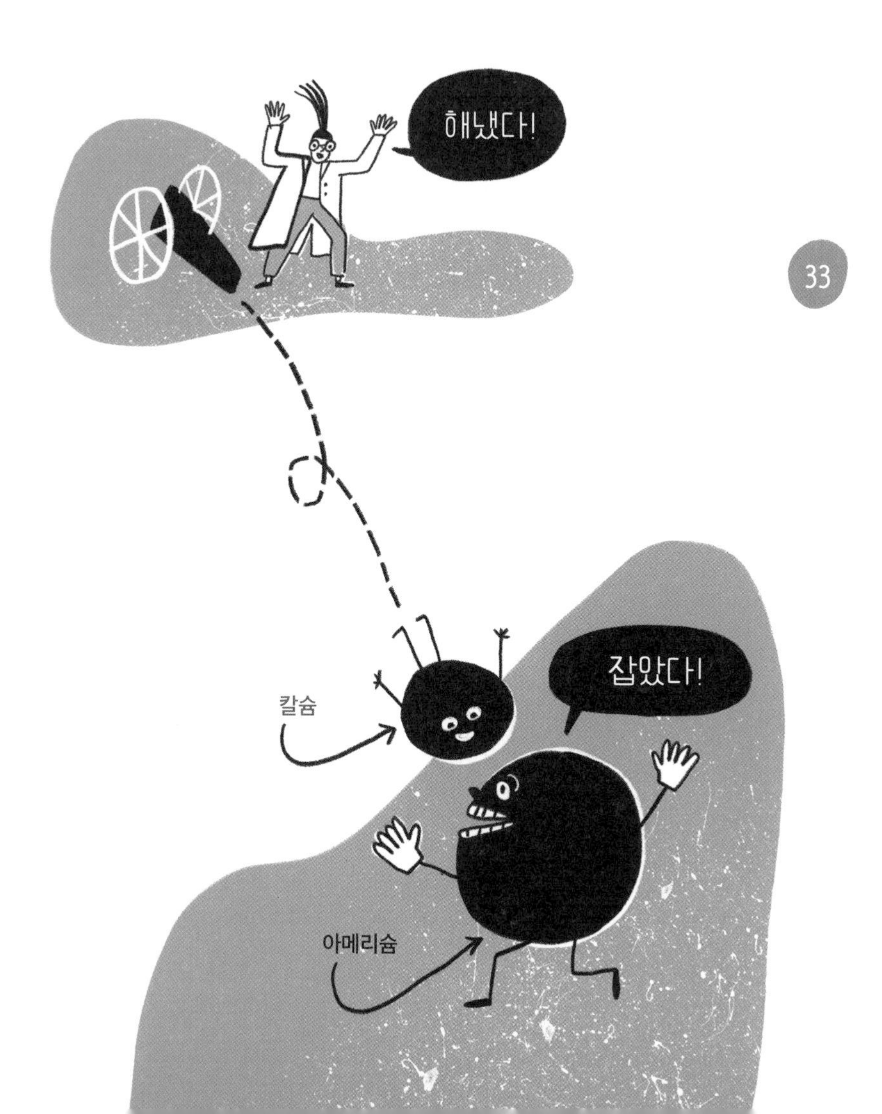

꿈속에서 이런
주기율표가 나온 거예요!

드미트리 이바노비치
멘델레예프

## 멘델레예프 주기율표



원자핵 안에 몇 개의 양성자가 있는지, 혹은 다른 원소가 있는지 알아내는 일은 무척 쉽습니다. 오늘날까지 발견된 모든 화학 원소를 보여 주는 멘델레예프 주기율표(222~223쪽 참고)에서 번호를 확인하는 것만으로도 충분하지요. 주기율표에서 각 칸의 항목은 원자의 종류, 즉 원소를 지칭하며 각각 원자 번호가 쓰여 있습니다. 원자 번호는 핵 속에 있는 양성자 개수를 의

미합니다. 또한 주기율표에서는 원소들의 특성을(금속, 준금속, 기타) 색깔로 표시하고 있습니다. 그뿐만 아니라 성질이 서로서로 비슷한 원소들은 같은 족(세로줄)에 배열되어 있는데, 예를 들어 같은 세로줄에 배열된 스트론튬과 칼슘은 유사한 성질을 지니지요. (216~217쪽 참고)

여기 안에
들어 있는 모든 금속은
다 쓸모가 있어요!

제2장

# 금속을 어떻게 찾아낼까?

지금까지 우리에게 알려진 금속은 94종입니다. 고대인들은 단 7종의 금속만 다룰 수 있었지요. 고대 대장장이는 불순물이 섞이지 않은 금속으로 구리, 금, 은, 철, 주석, 납, 수은을 알고 있었고, 불순물이 섞인 금속으로는 안티몬, 아연, 비스무트 그리고 비소를 알고 있었습니다. 반면 더 과거의 원시 사냥꾼은 구리, 금, 은 같은 세 가지 기본적인 금속만을 알고 있었지요.

## 연성의 챔피언, 금

석기 시대 사람들은 요즘처럼 금에 관심이 없었습니다. 금처럼 돈이 되는 재물에 대한 욕심이 없었다기보다는 그 당시에는 돈이라는 개념 자체가 없었기 때문입니다. 따라서 금을 굳이 제련할 필요가 없었지요. 다만 제련하지 않은 순수한 금덩어리를 자연에서 발견할 뿐이었습니다.

원시 시대 사람들은 도구를 만들기 위한 돌덩이만을 찾았습니다. 그래서 금덩어리를 발견했을 때 특이하고 반짝이는 이 노란색 돌덩이가 무엇인지, 생활에 필요한 도구로 만들어 쓸 수 있는지만 궁금했을 테지요. 이 때문에 처음 금덩어리를 발견한 원시인이 평소처럼 도구를 만들기 위해 다른 돌로 금덩어리를 내려치자, 그 금덩어리가 깨지지 않고 납작해진 것을 보고 무척 놀랐을 것입니다.



모든 금속은 연성, 즉 외부 충격에 부서지지 않고 늘어나는 성질을 지닙니다. 그중에서도 금은 연성의 챔피언이지요. 주방에서 자주 쓰는 알루미늄 포일처럼 금도 망치로 두드려서 얇게 만들 수 있습니다. 하지만 종이처럼 얇게 만든 금은 손으로 집어 들기 어렵습니다. 손가락에 달라붙어 찢어지기 쉽기 때문이지요. 그래서 금박을 입히는 작업을 할 때 작업자는 특수 처리된 붓을 사용해야 합니다. 하지만 그렇게 얇은 금박조차도 연성이라는 금속의 성질을 유지하기 때문에 찢어지기만 할 뿐 부서지지 않습니다.

## 화폐의 지위를 누리게 된 금

원시인들에게 금은 그다지 유용한 금속이 아니었습니다. 너무 물러서 도끼나 칼, 낚싯바늘 같은 도구를 만들기에 부적합했지요. 그래서 초기에 금은 장식품을 만드는 데 주로 사용되었습니다. 성질이 부드러운 금속은 가공하기가 매우 쉬웠기 때문입니다. 아주 오랜 시간이 지난 뒤 무역이 발달하면서 금은 화폐로 사용되기 시작했지요. 금이 화폐와 같은 지위를 누릴 수 있었던 것은 우연이 아닙니다. 화려하게 빛나고 아름다운 금은 그 자체로 높은 가치를 지니는데, 바로 '희귀하다'는 점 때문입니다. 금은 썩지 않고 철처럼 녹슬지도 않으며 시간이 오래 지나도 구리처럼 변색되지 않습니다.

금은 오늘날에도 금속 중에서 무거운 편에 속하지만, 고대인들에게는 당시 알려진 금속 가운데 가장 무거운 금속이었습니다. 그래서 고대에 가짜 금을 만드는 일이 어려웠지요. 당시에는 어떤 금속도 금보다는 가벼웠거든요. 바로 이런 금의 성질을 이용해서 고대 그리스의 자연 철학자 아르키메데스(기원전287년?~기원전212년)는 시라쿠사의 히에론 왕이 낸 '황금 왕관의 비밀'을 풀 수 있었습니다. 히에론 왕이 아르키메데스에게 왕관이 순금으로 만들었는지 알아보라고 명령하자, 아르키메데스는 왕관을 만든 금덩어리의 부피와 밀도를 측정해 비교하는 실험을 통해 왕관이 순금으로 만들어지지 않았다는 사실을 밝혀냈습니다. 세공사가 왕이 건넨 황금 일부를 빼돌린 뒤, 금보다 저렴하고 가벼운 은을 섞어 왕관을 만든 사실이 드러난 것이지요.



**다양한 재료의 밀도**

오스뮴 : 22.59g/㎤　　금 : 19.32g/㎤
납 : 11.34g/㎤　　은 : 10.5g/㎤
철 : 7.88g/㎤　　물 : 1g/㎤
목재 : 0.15g/㎤~1.3g/㎤

* g/㎤ : 고체, 액체의 밀도(단위 부피당 질량) 단위

## 쓸모없음의 중요함

금이 지난 수천 년 동안 화폐의 역할을 해 왔고 오늘날까지 그 가치를 유지할 수 있었던 또 다른 이유가 있습니다. 그것은 바로 금이 별로 쓸모가 없기 때문입니다. 곡물은 씨를 뿌려 그 수확물을 먹고 또 종자를 얻을 수 있어서 인간에게 아주 유용합니다. 알맞은 방법으로 저장할 수 있다면 수년 동안 보관도 가능하지요. 철과 같은 금속은 곡물처럼 먹거나 파종할 수는 없지만, 도구와 무기를 만드는 데 반드시 필요합니다. 반면 금은 곡식이나 철처럼 실용적인 쓸모가 없습니다. 이 때문에 금은 다른 금속이 하지 못한 돈의 역할을 할 수 있었지요.

## 문명의 토대

금뿐만 아니라 은과 구리 역시 자연에서 불순물이 섞이지 않은 형태로 자주 발견됩니다. 게다가 발견되는 덩어리들 크기 또한 무척 크지요. 가장 크다고 알려진 구리 덩어리는 무게가 무려 420톤이나 되었습니다.

오늘날에는 구리를 대체할 다른 금속이 많습니다. 우리 주변에서 흔히 보이는 구리 전선은 전류를 잘 흐르게 하지만 구리가 없으면 알루미늄 전선을 사용할 수 있습니다. 구리는 열을 잘 전도하기 때문에 컴퓨터의 메모리 냉각 부품(쿨러)에도 많이 쓰이지만, 구리가 없으면 다른 방법으로 해결할 수 있습니다. 또 구리는 물이나 가스를 연결시켜 주는 파이프를 만드는 재료로도 쓰이지만, 여기에도 대체품이 있을 것입니다. 물론 구리가 없어서 곤란을 겪는 사람들이 없지는 않겠지요. 예를 들어 구리로 만든 냄비에 끓인 잼이 가장 맛있다고 믿는 사람들은 세상에 구리가 없어지면 약간 난감해할지도 모르겠네요.



이처럼 오늘날에는 구리가 없어도 살아갈 수 있지만, 고대인이 구리를 발견하지 못했다면 아마 지구상의 여러 문명이 만들어지지 못했을 것입니다. 일반적으로 은이 금과 유사한 귀금속 역할을 했다면 구리는 인류 역사에서 훨씬 더 중요한 역할을 했습니다. 구리가 없었다면 인류는 오늘날까지 금과 은으로만 장

식품이나 물건을 만들었을 테고 여전히 돌도끼를 쓰며 살고 있을 것입니다. 왜냐하면 청동이나 철로 만든 무기와 도구 등 초기 문명의 토대가 되는 기술에 구리가 사용되었기 때문이지요.

## 석기 시대의 구리 사용

처음 구리를 발견한 석기 시대인들은 금을 가공했던 방식으로 구리를 가공해 쓰기 시작했습니다. 구리는 원하는 형태로 쉽게 가공할 수 있었기 때문에 도끼와 화살촉을 만들어 썼지요. 물론 돌보다 무른 구리로 만든 도끼날은 돌도끼에 비해 빨리 뭉툭해졌습니다. 하지만 무뎌지거나 쪼개져 부서진 돌도끼는 더 이상 사용하지 못해서 버릴 수밖에 없지만(물론 이렇게 버려진 돌도끼는 후대 고고학자들에게 중요한 발견이 됩니다) 구리로 만든 도끼는 다시 날카롭게 갈거나 제련할 수 있었습니다. 즉, 구리 도구는 앞에서 금을 설명할 때 다룬 '연성'이라는 금속의 특징 때문에 비교적 쉽게 고쳐 다시 사용할 수 있었던 것입니다.

약 8천 년 전 아나톨리아 반도(현재의 튀르키예 영토에 해당하는 곳)의 대장장이들이 처음으로 구리를 사용하기 시작했습니다. 그 이후 구리 다루는 기술은 인접 지역으로 퍼져 나갔고 기원전 5천 년 무렵부터는 메소포타미아 지역과 인도를 거쳐 중국 영토까지 도달하게 되었지요. 이에 따라 석기 시대는 구리-석기 시대, 즉 석기 시대와 청동기 시대의 중간 시기인 동기 시대에 접어들었습니다.



물론 구리로 만든 도구들이 부싯돌 등을 포함한 모든 석기 도구를 대체한 것은 아닙니다. 약 2천 년간 원시인들은 구리로 만든 도구와 돌로 만든 도구들을 함께 사용했지요. 천연 구리 덩어리가 흔치 않았고 쓸 수 있는 구리의 양 또한 충분하지 않았기 때문입니다. 그러다가 기원전 4세기에서 3세기경 석기 시대는 마침내 역사의 뒤안길로 사라지게 됩니다. 그 기간에 원시인들은 천연 구리뿐만 아니라, 훨씬 더 쉽게 발견할 수 있는 광석에서 구리를 추출해 정제하는 방법을 알아냈지요.

## 구리 제련

구리를 함유한 광석에서 구리만 따로 추출하는 법은 우연히 알아냈을 가능성이 큽니다. 인류는 일찍부터 손쉽게 구할 수 있는 흙으로 그릇을 빚어 가마에 구워 사용했는데, 우연히 가마 안에 구리 광석이 섞여 들어갔을 것입니다. 이때 1천 도가 넘는 가마 속 온도에 구리를 함유한 광석에서 다른 물질들이 제거되고, 녹아 버린 구리가 웅덩이처럼 고였겠지요. 식은 가마 안에서 딱딱하게 굳은 구리 조각을 발견한 고대인들은 크게 놀랐을 겁니다. 천연 구리 덩어리는 자연에서 흔히 볼 수 없어 무척 귀했고 사용할 수 있는 양은 늘 부족했기 때문에 아마 그 발견이 더없이 기뻤겠지요. 이처럼 구리를 광석에서 추출해 사용할 수 있게 됨으로써 석기 시대는 막을 내리게 되었습니다. 하지만 구리를 주로 사용하는 시대는 오랫동안 지속되지 못했습니다. 부드럽고 무른 구리는 얼마 가지 않아서 훨씬 단단한 청동(주석이나 알루미늄을 구리와 합금한 것)에 그 자리를 내주어야 했기 때문입니다.

## 광물의 단단한 정도

우리는 보통 금은 무르고 철은 단단하며 다이아몬드는 훨씬 더 단단하다고 말합니다. 그 단단함의 기준, 즉 경도란 도대체 무엇일까요? 그리고 그 경도를 어떻게 측정할 수 있을까요?

물리학의 관점에서 경도는 물체나 광물의 단단한 정도, 즉 한 물질이 다른 물질로부터 부딪혔을 때 손상을 입지 않는 정도를 뜻합니다. 칼로 나무를 찌르면 긁히거나 파인 자국이 나무에 쉽게 남는 반면 나뭇조각으로 쇳덩이를 찌르면 쇳덩이에는 별다른 흔적도 남지 않습니다. 이 말은, 철이 나무보다 단단하다는 것을 뜻합니다.



이런 방법으로 경도의 기준표를 만들 수 있습니다. 1812년에 독일의 광물학자 프리드리히 모스가 광물의 단단한 정도를 알 수 있는 척도법을 제안했습니다. 모스는 가장 단단한 물질로 알려진 다이아몬드(금강석)에 10이라는 값을 부여했습니다. 그리고 가장 부드러운 광물로 알려진 활석에 1이라는 값을 부여했지요.

일반적으로 모든 광물은 기준값이 10인 금강석과 1인 활석 사이에서 그 경도를 측정할 수 있습니다. 단단한 금강석은 모든 물질에 긁힌 자국을 낼 수 있습니다. 그리고 경도 9인 강옥은 금강석을 제외한 물질에 모두 긁힌 자국을 낼 수 있지요. 마찬가지로 경도 7인 석영은 금강석과 강옥에 의해 흠집이 날 수 있지만 이 두 광물을 제외한 나머지 광물에 긁힌 자국을 낼 수 있습니다.

이런 방법으로 여러 금속의 단단한 정도를 측정하면 다음과 같은 수치로 나타낼 수 있지요.

이 표를 보면 광물에서 구리를 추출하는 기술이 개발되었음에도 구리와 돌로 만든 도구들이 왜 동시에 사용됐는지, 또한 청동이 구리를 대체하고 그 이후 청동은 왜 다시 철로 대체되었는지 이해할 수 있을 것입니다.

## 새로운 금속, 청동

청동은 구리와 주석을 혼합한 합금이기 때문에 멘델레예프 주기율표에서는 찾을 수 없습니다. 합금이란, 하나의 금속에 성질이 다른 하나 이상의 금속이나 비금속을 섞어 만든 새로운 성질의 금속을 뜻합니다.

청동을 만들 때 구리에 주석만 넣을 수 있는 것은 아닙니다. 비소, 알루미늄, 납, 망가니즈 같은 여러 종류의 금속도 구리에 섞어 청동을 만들 수 있지요. 초기에 고대인들은 구리에 비소를 섞어 만든 청동으로 도구를 만들었습니다. 이렇게 만든 청동은 유용했지만 재사용할 수는 없었습니다. 열을 가해 금속을 녹이는 동안 비소가 증발해서 청동 도구가 부서지기 쉬운 성질을 갖게 되었기 때문이지요. 이뿐만 아니라 비소를 많이 사용하게 되면서 공급되는 비소의 양도 점차 부족해졌습니다. 하지만 구할 수 있는 비소가 줄어든 것은 어쩌면 당시 대장장이들에게 다행한 일이었을지 모릅니다. 비소는 유독한 물질이기 때문에 비소가 녹은 물에 오래 노출되거나 비소 가스를 마신 대장장이는 비소 중독 증세를 흔히 겪었지요. 고대 그리스 신화에서 불과 대장간의 신인 헤파이스토스가 다리를 저는 것으로 묘사된 까닭도 아마 비소 중독과 관련이 있을 것입니다. 비소에 중독되면 신체 일부가 마비되는 증상이 나타나기 때문입니다.

그래서 이후에는 청동을 만들 때 비소보다는 주석을 주로 사용했습니다. 구리와 주석을 대략 9대 1의 비율로 섞은 합금이 청동의 주요 재료가 되었지요.

## 주석으로 만든 못

구리는 경도가 3인 반면 주석은 경도가 겨우 1.8에 불과합니다. 논리적으로 생각해 본다면 이 두 금속을 혼합한 합금은 경도가 3과 1.8의 중간이라고 추측할 수 있습니다. 하지만 부드러운 구리에 더 무른 주석을 섞은 합금은 놀랍게도 더욱 단단해집니다.

이런 역설은 금속의 합금이 균일하게 혼합되지 않는다는 것을 나타냅니다. 질서 정연한 구리 원자들은 주석 원자가 구리와 결합하는 곳에서 아주 미세한 입자들에 의해 흐트러지게 되는데 주석 함량이 일정 기준(약 27%)까지는 강도가 증가하지만, 그 이상으로 주석 함량이 높으면 청동은 부서지기가 쉬운 성질을 띠게 되지요. 나무판자에 두꺼운 못을 박으면 그 나무판자의 층에 균열이 가는 것처럼, 주석 입자가 안정적인 구리 층에 균열을 내어 깨뜨리는 것입니다. 하지만 주석이 적정량 함유되어 있다면 이 입자들은 구리 원자의 층들이 서로 흐트러지는 것



청동은 주석 함유량이 약 27%(1/4을 조금 넘음)일 때 가장 단단하지만, 그 이상이 되면 강도가 급격히 떨어져 쉽게 깨진다. 그래서 청동을 만들 때 주석을 너무 많이 넣지 않고 적정량을 넣어야 한다.

을 어느 정도 방지합니다. 마치 나무에 생긴 옹이가 나무를 더 단단히 지탱해 주는 것처럼 말이지요. 이렇게 만든 청동은 아주 단단해서 도구를 만들면 충격을 받아도 쉽게 부러지지도 않고 무뎌지지도 않게 됩니다.

## 세계를 하나로 묶은 주석

구리 광석이 자주 발견되는 지역에서는 주석 광석이 매우 드물게 나타납니다. 이 두 금속 광산이 인접한 경우는 매우 드물기 때문이지요. 그 반대도 마찬가지입니다. 그래서 구리와 주석 합금으로 청동을 만들기 위해서는 무역이 필요했습니다.

영국 남서부의 콘월 지역과 현재 프랑스에 위치한 브르타뉴 지역에서 주석 광산이 발견되자, 고대 무역상들은 유럽과 지중해 전역으로 주석을 운반했습니다. 이후에는 이베리아 반도(현재 에스파냐 일대) 북서쪽 지역에서도 광산이 발견되었습니다. 이와 같은 무역은 기술 교류와 함께 글을 기반으로 한 지식의 확산에도 기여하며 고대 문명의 발전을 크게 앞당겼지요.



## 청동의 시대

인류가 청동 제련 방법을 배웠을 때 구리의 시대가 끝나고 청동기 시대로 접어들었습니다. 비슷한 시기에 문자 체계도 발명되었기 때문에 청동기 시대의 사건들은 문헌을 통해 꽤 알려져 있습니다. 최초의 문명들, 그러니까 고대 중국 문명과 수메르

문명, 미노스 문명과 이집트 문명은 청동기 시대에 전성기를 맞았습니다.

좀 더 정확히 말하자면 기자 피라미드는 고대 이집트 시대에 지어졌는데 이때는 여전히 구리 시대의 끝자락이었습니다. 일꾼들은 구리로 만든 끌을 사용해 거대한 바위를 쪼개고, 돌덩이에 구멍을 뚫기 위해 단단한 광물을 녹여 구리 파이프에 부었지요. 또한 피라미드 상단부로 돌을 옮기기 위해 구리 삽을 이용해 제방을 쌓기도 했습니다. 물론 이런 작업에 사용하는 도구들은 순수한 구리가 아니라 훨씬 튼튼한 '청동'으로 만들어졌습니다. 그럴 수밖에 없는 것이 그 지역에서 나는 구리 광석은 비소를 많이 함유하고 있었기 때문에 이집트인들이 의도했든 의도하지 않았든 구리 도구를 만드는 데 비소가 포함될 수밖에 없었지요.

오늘날 몇몇 사람들은 이집트인들이 기본적인 구리 도구만 사용해 피라미드를 짓기 어려웠을 것이라고 의심합니다. "구리로 만든 끌을 사용해서 아주 작은 돌덩어리라도 부숴 보세요!

절대 안 될 겁니다!"라고 말하면서 말이지요. 이 때문에 외계인이나 혹은 훨씬 더 발전한 문명을 가진 미스터리한 집단이 이집트인들을 도와 피라미드를 만들었다는 가설이 생기기도 했습니다. 심지어 이집트인들이 마법을 사용했다는 말까지 있었지요.

하지만 다른 측면에서 생각해 볼 필요가 있습니다. 오늘날의 기술에 도취한 현대인들은 과거에 비해 인내심이 부족한 것처럼 보입니다. 가령 드릴로 5초 안에 구멍을 뚫지 못하면 "드릴에 문제가 있다."라고 판단하곤 하지요. 반면 고대 이집트인은 구멍 하나를 뚫기 위해 하루 종일 시간을 쏟아부었을 수 있습니다. 그 고대인은 구멍을 뚫으려면 당연히 그만큼 시간을 들여야 한다고 여겼을지 모르지요.

## 청동의 도시 브린디시

'브론즈(청동)'라는 단어는 고대 로마의 도시 가운데 하나인 브린디시움에서 나왔습니다. 이 지역은 이탈리아 반도 남동쪽에 위치한 작은 도시로, 오늘날에는 '브린디시'로 불립니다. 하지만 고대에 이 도시는 아주 크고 중요한 항구 도시였습니다. 이곳에서 구리와 주석의 합금이 활발하게 거래됐으며 이 때문에 브린디시는 아주 유명한 도시가 되었지요. 당시 브린디시의 인구는 오늘날보다 더 많았습니다. 요즘은 8만 7천 명가량의 주민이 살고 있지만, 과거 무역으로 번창했을 당시 브린디시에는 10만 명에 가까운 주민이 거주했으니까요.



## 하늘에서 떨어진 돌덩이

청동기 시대로 접어들었어도 구리의 중요성은 사라지지 않았습니다. 다만 이전과 달리 구리만 단일하게 사용하지 않고 주석과 함께 사용했지요. 이런 청동기 시대는 역사에 기록으로 남겨진 것을 포함해 2천 년가량 지속되었습니다. 그러다가 청동보다 훨씬 더 단단하고 내구성(물질이 원래 상태에서 변질되거나 변형됨 없이 오래 견디는 성질)이 강한 금속인 '철'의 발견과 함께 청동기 시대도 막을 내렸지요.

인류가 처음으로 발견한 순수 철 덩어리는 운석의 일부분이었습니다. 사실 지구에서 이처럼 순도 높은 철 덩어리는 거의

발견되지 않습니다. 제련할 필요가 없는 순수한 철은 지구로 떨어진 운석 조각이 대부분이지요. 우주를 떠돌던 운석이 지구로 떨어질 때 대기와의 마찰로 운석의 두꺼운 겉면에 있는 불순물은 열에 의해 타 버리고 철로 된 운석 내부는 미처 다 타지 못한 채 땅이나 바다에 떨어집니다. 지구 표면에서 발견된 가장 큰 철 운석은 무게가 약 60톤이나 됩니다. 과학자들에 따르면 1년에 수백 톤의 철 운석이 지구로 떨어진다고 합니다.

하늘에서 운석으로 떨어진 철을 처음 가공한 사람은 고대 대장장이였을 것입니다. 운석에 함유된 철과 그 철로 만든 도구들은 품질이 아주 우수합니다. 운석에 함유된 철은 순수한 철만 있는 것이 아니라 니켈과 합금으로 이루어져 있기 때문입니다. 바로 니켈 강철이지요. 오늘날에도 니켈 강철은 매우 유용하고 비싼 물질로, 우주 기술이나 정밀 기기 그리고 기타 여러 최첨단 산업 분야에서 사용됩니다. 그러니 고대 사회에서 니켈 강철로 만든 도구들은 그 어떤 재료와도 비교할 수 없을 정도로 우수했지요.

## 철 장식 목걸이

새로운 금속이 발견되면 쉽게 얻기 힘들고 희귀해서 처음에는 가격이 아주 비쌌습니다. 간혹 금보다 더 비싸기도 했지요. 그래서 이런 금속은 생활에서 자주 쓰는 도구나 무기로 제작되기보다는 장식품으로 먼저 만들어졌습니다. 혹은 욕심 많은 지도자가 창고에 보관해 놓기만 했지요. 철로 생활에 유용한 도끼 같은 도구를 만들기보다, 목걸이로 만들거나 궤짝에 숨겨 놓기만 하는 것은 무척 어리석은 짓이었습니다. 어쨌든 인류 역사에서 금속이 새로 발견되면 처음에는 주로 보석이나 장식 용품을 만들어 팔았습니다. 이런 역사는 철뿐만 아니라 청동이나 구리가 발견되었을 때도 마찬가지였습니다.

## 고대인의 금속 추출 기술

앞에서 설명한 것처럼 하늘에서 운석의 형태로 떨어진 철 덩어리는 무척 희귀했습니다. 지구에서 그런 순도 높은 철을 구할 수 없었기 때문이지요. 물론 철을 함유한 돌인 철광석은 흔했지만, 고대에는 철광석에서 철만 깔끔하게 뽑아낼 제련 기술이 없었습니다.

철만 깔끔하게 뽑아낸다는 것은 무엇을 의미할까요? 구리의 녹는점은 1083℃이고 청동은 녹는점이 930~1140℃입니다. 반면 철은 1540℃ 이상에서만 녹습니다. 도자기를 굽던 가마에서도 이처럼 높은 열을 가하기 어려웠는데, 고대인들은 어떻게 철

과 같은 내화 금속(높은 열에도 녹지 아니하고 잘 견디는 금속 또는 그런 합금)을 얻었을까요?

사실 고대인들은 철을 제련하지 않았습니다. 초기에 고대인들은 대략 900~1200℃의 온도에서 철을 얻었는데, 철의 녹는점인 1540℃보다 훨씬 낮은 온도에서 철을 얻었지요. 이 과정의 비밀을 이해하려면 우리는 철과 철광석이란 무엇인지 그리고 이 금속들이 어떻게 변화하는지에 대해 알아볼 필요가 있습니다.

## 순수한 철 얻기

고대인들이 사용했던 갈철석은 철과 산소가 결합한 광물입니다. 화학에서는 이러한 화합물을 산화물이라고 하는데, 즉 갈철석은 '산화철'이라고 할 수 있습니다.

순수한 철을 얻으려면 산화철에서 산소를 제거해야 하는데, 이를 위해 고대인들은 먼저 깊은 구덩이에 잘게 부순 광석과 숯을 넣고 불을 피웠습니다. 이때 숯이 뜨겁게 타오르는데 구덩이 안의 열이 공기 중으로 미처 빠져나오지 않고 축적되면서 구덩이 안은 온도가 높은 상태로 유지되지요. 그러면 숯에서 나온 탄소가 산화철에 있는 산소를 제거합니다. 산화철은 물론 녹지 않은 상태이지요.

> 탄소는 철광석에서 산소를 '떼어 낼' 뿐만 아니라, 광석 안에 있는 산화된 철의 상태도 복원한다. 다시 말해 탄소가 철에 전자를 전달하는 것이다.

구덩이(후에는 특별히 제작된 가마에서 이 작업이 이뤄집니다)에서 숯이 완전 탄 뒤에는 일정한 형태가 없고 공기구멍이 많은 철 조각이 남습니다. 이때 철 조각은 타지 않은 숯의 잔해와 재가 떨어진 진흙 등으로 오염이 된 상태인데 이와 같은 철을 '선철'이라고 불렀습니다.



## 선철과 슬래그

선철을 만들면서 생기는 찌꺼기를 '슬래그'라고 하는데 이런 슬래그는 어떻게 제거할까요? 현대의 제련 기술로는 훨씬 더 높은 열을 가해 철을 쉽게 녹이고 철에 있는 불순물도 없앨 수 있습니다. 하지만 고대인들은 현대의 제련소에서처럼 고온의 열을 만들 수가 없었습니다. 그래서 고대인들은 망치로 선철을 여러 번 내려쳐 불순물을 제거했지요. 마치 카펫에 붙은 먼지를 방망이로 쳐서 떨어내는 것과 같습니다. 선철을 그렇게 치는 목적은 금속을 도끼나 검, 쟁기처럼 원하는 형태로 만들기 위해서가 아니라 단순히 불순물을 제거하기 위해서였습니다.

금속의 모양을 바꾸기 위해 두드리는 단조 작업은 마지막 단계에서나 진행합니다.



물론 불순물을 제거해도 선철의 품질은 여전히 좋지 않았습니다. 현대의 제련 기술로 만드는 강철에 비해 빨리 녹슬고 강도가 약했지요. 요즘 같으면 이런 품질의 금속은 아마도 값싼 못 등을 만드는 데에만 사용되겠지만 당시에는 매장된 주석이 고갈되고 있었기 때문에 품질은 떨어져도 이런 철이 점차 청동을 대체해 가고 있었습니다.

## 히타이트 제철 기술의 비밀

운석이 아닌 광석에서 철을 생산하는 법을 알아낸 최초의 인류는 히타이트 민족이라고 알려져 있습니다. 이들은 기원전 18세기경에 지금의 튀르키예 영토 일대에 살았습니다. 히타이트 제국의 번영은 대체로 철을 만들어 내는 능력에 기초했지요. 우수한 제철 기술을 가지고 있었던 히타이트인들은 강력한 철제 무기를 바탕으로 청동 무기를 사용하는 적들을 물리쳤습니다. 청동기 시대 당시 철을 다루는 일이 얼마나 중요한지 알았던 히타이트인들은 철 제련 기술을 철저히 비밀에 부쳤습니다. 히타이트인들은 이집트의 파라오에게 철로 만든 검을 포함해 선물을 보낼 때조차도 제련 기술만큼은 절대로 알려 주지 않았지요.

하지만 막강한 철기 문화로 후기 청동기 시대를 호령했던 히타이트 제국은 6세기 동안 지속되다가 기원전 1200년경에 '해양 민족'이라고만 알려진 한 종족의 침입을 받아 멸망하고 말았습니다. 고대 국가 중에서 이집트만이 바다의 침략자들로부터 살아남았습니다. 이 당시 일어났던 여러 끔찍한 전쟁 중 하나가 아카이아인에 의해 트로이가 함락된 사건(트로이 전쟁)이며, 이 전쟁은 신화 이야기로 다뤄지기도 합니다.

해양 민족의 침입으로 여러 문명이 파괴되었지만, 이 과정에서 전 세계에 철기 문화가 퍼졌습니다. 즉, 철을 제련하는 기술이 더는 히타이트인만의 것이 아니게 된 것입니다. 아시리아인은 히타이트인의 비밀인 철 제련 기술을 받아들이고 발전시켜 무너져 가던 왕국을 회복할 수 있었습니다. 성경에 나오는 다윗과 골리앗 이야기에서 블레셋인('해양 민족들' 가운데 한 민족)들에 대한 고대 유대인의 승리는 이스라엘인이 철 기술을 받아들인

유럽 중부와 서부에 위치한 켈트족 지도자들의 무덤(기원전 5세기부터 만들어짐)에서는 고리 혹은 나선형 모양으로 구부러진 검들이 발견된다. 이런 무기들은 전투 중에 휘어진 것은 아니다. 검을 이렇게 구부러트려 놓는 일은 장례 의식의 일부였다. 켈트족이 사용했던 철이 그만큼 강도가 약했다는 것을 알 수 있다.

것과도 관련 있습니다. 그 이전 이스라엘인은 청동으로 만든 무기로 싸우며 항상 패배의 아픔을 겪어야 했기 때문입니다.



여러 문명이 붕괴하자 연이어 무역도 쇠퇴했으며 이는 곧 민족 분열로 이어졌습니다. 무역이 감소하자 청동을 제작하는 데 필요한 주석을 얻기 어렵게 되었고 이로 말미암아 청동기 도구들이 철기로 대체되었지요. 새로운 시대가 시작되자 인류는 다시 새로운 금속 다루는 기술을 익혀 나갔고 이로써 역사는 청동기 시대에서 철기 시대로 접어들게 되었습니다.

## 강철의 탄생

당시의 철은 청동보다 약간 단단했지만, 빨리 녹슬고 무뎌졌으며 무엇보다도 얻기가 어려웠습니다. 철 제련 기술을 익힌 사람들은 이런 점을 개선할 방법을 찾기 시작했습니다. 이것이 강철을 만들게 된 이유였습니다. 청동이 구리와 다른 물질의 합금

인 것처럼, 강철 역시 철을 기반으로 한 합금입니다. 역사적으로 오래되고 오늘날까지도 주요하게 쓰이는 강철 종류로는 탄소강 그리고 탄소와 강철의 혼합물이 있습니다. 그런데 탄소를 어떻게 철과 혼합할 수 있었을까요? 광석을 녹여 철을 제련하는 데 쓰는 석탄을 필요 이상으로 용광로에 많이 넣으면 그 석탄은 철을 만들어 낼 뿐만 아니라 부분적으로 철에 용해됩니다. 강철은 0.08~2.14%가량의 탄소를 함유한 철 합금입니다. 탄소는 소량으로도 금속의 특성을 극적으로 변화시킵니다. 즉, 금속의 강도와 경도가 증가하는 것이지요.



## 강철을 더 강하게 만드는 담금질

러시아 사람들은 겨울에 신체를 건강하게 단련하기 위해서 (그리고 종교적 의미로) 얼음 구멍으로 뛰어들곤 합니다. 강철을 담금질하는 것도 이와 유사합니다. 불에 뜨겁게 달구어진 강철을 찬

물에 넣으면 강철은 빨리 식으면서 더욱 단단해집니다. 경도가 높아지는 것이지요. 하지만 그 강철의 강도는 약해집니다. 다시 말해 부서지기 쉬운 성질을 더 많이 띠게 된다는 뜻입니다. 만약 경도보다 강도를 더 중요시한다면, 강철을 다시 가열한 다음 공기 중에서 천천히 냉각해야 합니다. 차가운 물에 담금질하지 않고 공기 중에서 천천히 식히는 이런 기술은 흡사 강철에 '휴식'을 주는 것과 같습니다. 열을 한껏 받은 강철을 자연스럽게 식힘으로써 강철의 잔류 응력(물체가 외부 힘의 작용에 저항해 원형을 지키려는 힘)은 줄어들게 됩니다.



구리와 청동은 담금질할 필요가 없습니다. 열을 식히는 방법에 상관없이 구리와 청동은 경도가 항상 동일하기 때문입니다. 하지만 철을 담금질할 때는 철을 고온에 녹여야 하는데 이는 철의 녹는점까지 고온을 가할 수 없었던 고대 대장장이들은 할 수 없었던 기술이었지요. 반면 강철은 녹이지 않고서도 경도를 조절할 수 있었습니다. 강철에 열을 가한 뒤 담금질을 하게 되면

경도가 높아지게 되고, 경도를 높일 필요가 없을 때는 자연적으로 굳게 내버려 두면 해결되었지요. 이를 통해 다양한 속성을 가진 강철 제품을 얻을 수 있었습니다.

## 단접 작업을 한 검

담금질한 강철은 경도가 높아져서 단단하지만, 강도는 약해져서 충격을 받으면 쉽게 깨집니다. 표면을 갈고 닦아서 반질반질하게 만드는 연마 작업 또한 무척 까다롭지요. 가령 담금질한 강철로 만든 검을 숫돌로 연마하면 쉽게 부러지기 때문에 이런 강철 검은 오래 쓰기가 어렵습니다. 반면 일반 철은 강철

에 비해 부드럽고 경도가 낮아서 연마하기에는 비교적 쉽지만, 잘 무뎌지고 휘어집니다. 이런 철로 만든 검이나 도끼는 전투를 치르고 나면 구부러진 고철 신세가 되거나 장작을 패기도 어려웠지요.

하지만 금속을 달구어 누르거나 망치로 두드려서 이어 붙이는 소위 단접 작업을 하면 이런 문제를 해결할 수 있습니다. 기원전 3세기경, 철 생산에 능숙했던 켈트족은 단접 기술을 매우 빠르게 발전시켰습니다. 켈트족은 강철로 만든 판을 철로 감싸서 단접 작업으로 떨어지지 않게 그 판에 덧붙였습니다. 이런 방식으로 만든 검은 철로 감싼 부드러운 부분이 단단한 강철보다 더 빨리 갈려서 검의 양날을 날카롭게 만들 수 있었습니다. 물론 강철의 강도가 약해지지 않도록 담금질은 연마가 끝난 이후에 이루어졌습니다. 결과적으로 이렇게 만든 검의 중심부는 강철로 되어 있어서 단단하고, 강철을 감싼 검의 날은 갈아서 날카롭게 만들 수 있었지요. 물론 다른 방법도 있습니다. 앞의 사례와 반대로, 철을 강철로 감싸는 것입니다. 이때는 철로 만든 내부가 타격을 완충해 강철이 부서지는 것을 방지함으로써 연마 작업을 버틸 수 있게 됩니다.

그런데 이 철제 무기의 가장 큰 단점은 바로 무게입니다. 단접 작업으로 단점을 보완한 검이나 도끼는 아주 거대했기 때문입니다. 물론 이러한 단점도 무거운 무기를 잘 다룰 수 있게 체력을 단련함으로써 보완할 수 있습니다. 훈련받지 않은 전사는 이런 검을 양손으로도 휘두르기 어려웠을 것이고, 나무꾼도 이런 도끼로 장작조차 패기 어려웠을 것입니다.

## 단접 작업으로 만든 도구들

단접 기법으로 만든 도구들은 역사 발전에 큰 도움이 되었습니다. 단접한 도끼는 돌도끼에 비해 열 배, 청동 도끼에 비하면 세 배나 빠르게 나무를 벨 수 있었지요. 철과 강철의 보급으로 통나무집을 짓는 일도 수월해졌습니다. 이전에는 집을 모두 통나무로 짓는 것이 어려워서 북부 지역 사람들은 소량의 통나무를 써서 지은 움막에서 살 수밖에 없었지요.

단접 도구들은 농업 발전에도 큰 기여를 했습니다. 철로 단접한 쟁기를 사용하면 토양에 있는 돌을 더 효율적으로 골라낼 수 있고 숲을 개간해 농사지을 땅도 넓힐 수 있었습니다. 만약 이런 도구들이 없었더라면 사람들은 더 오랫동안 원시적인 형태의 수렵과 채집으로 살아야 했을지도 모릅니다.

## 다마스쿠스 강철

철의 유약함과 탄소강의 단단함을 섞는 또 다른 방법이 기원전 1천 년 초반 동양에서도 개발되었습니다. 인도의 대장장이들이 '다마스쿠스 강철'을 만든 것입니다. 이 다마스쿠스 강철에는 순수한 철 조각들과, 탄소가 매우 풍부한 파편들이 혼합되어 있습니다. 이 파편들을 소결(분말 입자들에 열을 가해 하나의 덩어리로 만드는 것)하거나 혹은 기존에 있던 무기와 단조 작업을 해도 철과 탄소는 서로 완전히 섞이지 않습니다. 다마스쿠스 강철의 내부 구조는 매우 복잡합니다. 부드러운 탄성의 철 알갱이가, 부서지기 쉽지만 단단한 강철 혹은 주철(다량의 탄소를 함유한 철의 합금) 껍질로 덮여 있기 때문입니다. 이렇게 복잡한 구조가 겉으로는 물결 모양의 패턴으로 나타납니다.



다마스쿠스 강철을 제조하는 기술은 무척이나 복잡한데, 단조할 때 선철에 지나친 열을 가하지 않는 것이 중요합니다. 그런데 인도 대장장이들은 온도계도 없이 어떻게 적정한 온도의 열을 정확히 알 수 있었을까요? 당시에는 노련한 장인이 금속에 열을 가했을 때 겉으로 드러나는 색감으로 적정한 가열 온도를 가늠했습니다. 그러나 이런 방법은 달조차 뜨지 않는 어두운 밤에만 사용할 수 있었기 때문에 다마스쿠스 강철로 만든 검은 무척이나 희귀하고 비쌌지요.

인도인의 뒤를 이어 다마스쿠스 강철 생산은 페르시아인이 주도했습니다. 그때까지도 유럽인은 다마스쿠스 강철의 비밀에 대해 알지 못했지요. 1840년대 초반에 들어서야 러시아 금속학자인 파벨 페트로비치 아노소프가 다마스쿠스 강철의 미스터리를 풀어내고, 우랄 지역에서 이 강철을 생산해 내기 시작했습니다. 그런데 이 기술은 곧 그다지 필요 없게 되었습니다. 더 질 좋은 강철을 얻을 수 있는 기술들이 개발되었기 때문이지요.

## 톱날 같은 이빨

다마스쿠스 강철은 탄성과 단단한 성질을 동시에 지니고 있습니다. 다마스쿠스 강철 검을 숫돌에 연마한다고 생각해 봅시다. 부드러운 철 조각은 빠르게 갈리지만 탄소강 파편은 그렇지 않습니다. 그 결과 검의 가장자리는 눈에 보이지 않는 톱날 같은 이빨이 나타나는데, 이런 칼날은 단순히 찌르는 것 뿐만 아니라 갑옷이나 의복 심지어 사람의 살점까지 순식간에 도려낼 수 있습니다. 다마스쿠스 강철의 발명은 근본적으로 새로운 형태의 검인 세이버(날이 휜 기병용 칼)의 탄생으로 이어졌습니다. 일반 검과 달리 세이버는 찌를 수 있을 뿐만 아니라 단번에 벨



유럽에서는 다마스쿠스 강철로 무거운 검을 만들 필요가 없었다. 유럽 기사는 두꺼운 갑옷으로 중무장했는데, 세이버는 이런 중무장 갑옷에는 효력이 없었기 때문이다. 이런 이유로 다마스쿠스 강철은 유럽에서 오랫동안 인기가 없었다.

수도 있었기 때문입니다. 다마스쿠스 강철의 미세한 톱날 덕분에 세이버는 사물을 자르는 절삭력이 아주 강했지요.

## 다마스쿠스 강철의 발전

다마스쿠스 강철이 현재 시리아의 수도인 다마스쿠스에서 발명된 것은 아닙니다. 단지 이 도시에 합금을 사고파는 거대한 시장에 있었을 뿐이지요. 당시 다마스쿠스 강철은 순수한 철과 탄소강이 번갈아 층을 이루는 방식으로 단접한 것이었습니다. 이때 철과 탄소강 층은 단순히 세 개의 층이 아니라 서른 개, 때로는 수백 개 층으로 만들어졌습니다. 이 층들은 철과 탄소강이 서로 스며들 수 있을 정도로 얇았지요.

이런 방식으로 제작한 합금 속에 있는 철과 탄소강 입자는 오늘날의 다마스쿠스 강철과 유사할 정도였습니다. 다마스쿠스 강철로 만든 검은 유럽과 서아시아 그리고 중국에서 제작되었는데 특히 중국은 다른 민족으로부터 영향을 받지 않고 독자적으로 이 기술을 개발한 것으로 보입니다.

납
건드리면
위험할걸?
수은

## 제3장

# 금속 산업은 어떻게 발전했을까?

사람들은 더 많은 새로운 금속을 계속해서 발견했습니다. 하지만 이런 발견이 화학자나 금속학자에게 항상 안전한 것은 아니었습니다. 인류에게 위험이 따르기도 했지요. 금속에 대한 특성이 알려지지 않았다고 해서 그 위험성이 적은 건 아닙니다. 그럼에도 과학은 계속해서 발전했으며, 결과적으로 인류에게 큰 도움이 되었습니다. 금속에 대한 지식을 얻기 위해 치렀던 대가에 대해서는 다음 장에서 다시 얘기하겠습니다.

## 아름다움의 대가



고대인들은 금, 은, 구리, 철 이외에도 납, 안티모니, 주석, 수은 같은 금속도 알고 있었습니다. 고대인들은 눈썹을 검게 만들고 눈매를 그리기 위해 안티모니의 황화물(황 화합물) 광석을 사용했는데, 당시 기술로 순수한 형태의 안티모니는 거의 얻을 수 없었지요. 고대 이집트인들은 기원전 3천 년경부터 안티모니의 황화물 광석을 눈 화장에 사용했고, 그 이후에 이것이 전 세계로 퍼져 나갔습니다. 일부 지역에서는 오늘날까지도 안티모니 황화물 광석이 사용되고 있습니다. 튀르키예말에서 '안티모니'라는 단어는 눈 화장에 사용되는 가루를 의미하기도 합니다. 이런 표현이 러시아어에 영향을 주어서, '눈썹을 검게 그리다'는 러시아어 표현 역시 안티모니에 어원을 두고 있습니다. 하지만 안티모니는 독성 물질입니다. 안티모니의 위험성이 알려지지 않았던 고대에는 사람들이 아름다움을 유지하는 데 값비싼 대가를 치렀다는 사실을 알 수 있지요. 오늘날 안티모니는 훨씬 더 많은 영역에서 사용되고 있습니다. 반도체나 전기 배터리, 성냥 심지뿐만 아니라 일부 약물 성분으로도 쓰이고 있습니다.

## 부드러운 납의 효용

납은 인간이 야금(광석에서 특정 금속을 골라내거나, 골라낸 금속을 정제·합금하여 목적에 맞는 금속 재료를 만드는 일)한 최초의 금속이라고 알려져 있습니다. 납은 327℃에서도 충분히 녹기 때문에 높은 화력이 필요하지 않아서 당시 제련 기술로도 다루기에 비교적 쉬웠을 것입니다. 하지만 납의 경도는 모스 굳기를 기준으로 1.5 정도입니다. 금의 경도가 2.5인 걸 감안하면 납은 무척이나 무르고 부드러운 편입니다. 그렇다면 인간은 어떤 이유로 납을 사용하게 되었을까요? 처음에 납은 단순히 장신구를 만드는 데 쓰였습니다. 그러다가 고대 로마에 이르러 연간 최대 8만 톤의 납이 생산되었습니다. 고대 로마에서는 납이 다양하게 활용되었는데, 특히 납으로 수도관을 만들었습니다. 납은 쉽게 녹슬

지 않기 때문에 납으로 만든 수도관은 오래 쓸 수 있었지요. 또한 납은 부드럽고 무른 금속이기 때문에 평평하게 만들어 늘리거나 구부리기 쉬웠습니다. 즉, 납을 구부려서 반대편 가장자리에 끼워 넣은 뒤 망치로 두드리기만 하면 수도관을 쉽게 만들 수 있었습니다. 강철 같은 금속은 경도가 높아서 이렇게 가공해 물건을 만들어 사용하기가 어려웠지요.

## 납 중독과 로마의 몰락

관찰력이 좋았던 로마인은 납이 사람에게 좋지 않다는 사실을 알았던 것으로 보입니다. 하지만 로마 시민은 큰 문제라고 생각하지 않았습니다. 왜냐하면 노예에게 광산에서 납 광석을 채굴하라고 시키기만 하면 되었기 때문이지요.

일부 학자에 따르면, 고대 로마가 쇠퇴한 이유 중 하나가 납으로 만든 수도관 때문일 수 있다고 합니다. 수돗물에 녹아 있던 소량의 납이 로마 시민에게 납 중독을 일으켰기 때문이라는 것이지요. 결국 다른 중금속과 마찬가지로 납 역시 유독성 물질입니다. 그런데 로마인이 가장 많이 애용했던 화장품 재료가 바로 납 성분으로 이루어진 백연석이었습니다. 로마의 정치가이자 학자였던 플리니우스와 의학자였던 갈레노스도 백연석의 독성에 대해 말하기도 했지요.

다행히 로마 기술자들은 식수를 얻기 위해 칼슘염이 풍부한 물, 즉 경수(칼슘 이온이나 마그네슘 이온 따위가 비교적 많이 들어 있는 천연수)를 수도관으로 끌어왔습니다. 경수는 주전자에 부으면 흰색 침전물로 이루어진 두꺼운 층이 주전자 벽면에 쌓이게 되는데, 이는 경수가 지닌 단점이기도 합니다. 그런데 납으로 만들어진 수도관에서는 경수가 생명의 은인과도 같았습니다. 흰색 침전물이 층층이 쌓여 파이프 내부 벽을 뒤덮음으로써 납 성분이 수도관의 물에 녹는 걸 막아 주었기 때문입니다. 그럼에도 납으로 만든 식기류 때문에 로마인은 자연스레 독에 노출될 수밖에 없었습니다. 이처럼 납으로 생긴 독성은 로마가 쇠퇴하는데 가장 큰 원인은 아니겠지만 아마도 일정 부분 영향을 미쳤을 것으로 추측됩니다.



## 용의 피

고대인에게 알려진 또 다른 금속은 바로 수은입니다. 초기에 고대인들은 수은을 광물의 일종인 자연 수은 형태로 발견했습니다. 물론 수은은 고체 형태로 있을 수 없습니다. 수은은 상온에서 액체 상태이기 때문이지요. 수은은 '진사'라는 광물에 작은 물방울 형태로 맺히는데 그것을 자연 수은이라고 합니다. 수은은 산출량이 적고 녹슬지 않은 형태로 오랫동안 그 성질을 유지했기 때문에 금과 은처럼 귀금속으로 취급받았지요.

고대인들은 수은 황화물인 진사에서 주로 수은을 채취했습니다. 진사는 붉은색을 띠는 흔한 돌멩이처럼 보이는데, 이 때

문에 고대 페르시아인들은 이 돌멩이가 '용의 피'에서 나왔다고 여겼습니다. 진사는 으깨어서 붉은 물감을 만드는 데 사용하기도 했습니다. 또한 진사를 가열한 다음 거기서 나오는 수증기를 차가운 물체에 넣어 냉각시키면 액화되어 순수한 수은을 얻을 수 있었지요.



## 금과 은을 정제하는 수은

수은은 금이나 은을 정제하는 데에도 사용되었습니다. 예를 들어 작은 금 알갱이가 함유된 암석이 있다고 상상해 봅시다. 이 암석에서 금을 어떻게 채취할 수 있을까요? 설탕이나 소금이 물에 잘 녹는 것처럼 금과 은은 수은에 잘 녹습니다. 고대 그리스인들도 그것을 알았습니다.

이와 같은 원리를 이용해 금을 채취할 수 있습니다. 먼저 금이 섞인 암석을 잘게 부수어서 수은과 섞으면 금이 수은에 녹는

데, 녹은 용액에서 돌멩이 파편을 걸러 냅니다. 이렇게 얻은 용액을 아말감이라고 합니다. 수은과 다른 금속의 합금인 아말감은 함유된 수은의 양이 많으면 액체 상태이고 수은의 양이 적으면 고체 상태입니다. 아말감은 반드시 철제 용기에만 보관해야 합니다. 왜냐하면 일반적인 금속 중에서 수은에 녹지 않는 금속은 철뿐이기 때문입니다. 예를 들어 아말감 용액을 구리 용기에 보관하면 구리 용기가 녹아 버리지요.

아말감에서 귀금속을 분리하는 일은 그리 어렵지 않습니다. 소금물에서 물을 증발시키면 소금만 남는 것처럼 아말감 용액에서 수은을 증발시키면 순수한 금만 남지요. 그리고 수은이 증발될 때 생긴 증기는 차가운 표면에서 응축되는데, 이렇게 얻은 수은은 다시 사용할 수 있습니다.



## 수은의 독성

물론 수은은 끔찍할 정도로 유독한 물질입니다. 특히 수은으로 만들어진 증기는 더욱 위험하지요. 그 증기를 흡입하는 것은 수은을 삼키는 것보다 더더욱 위험합니다. 이 때문에 금을

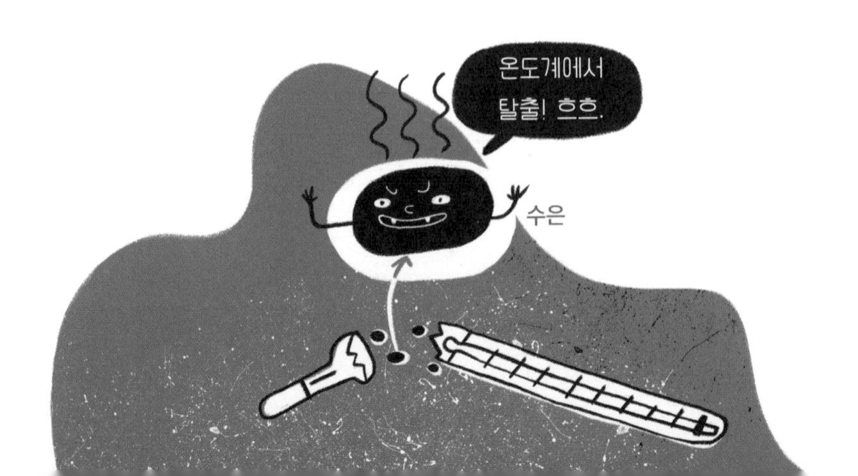

얻기 위해 수은을 자주 다루었던 기술자나, 광산에서 진사를 캐던 노예는 병에 쉽게 걸려 오래 살지 못했습니다. 오늘날에는 수은을 사용할 때 안전 조치를 충분히 마련하고 장비도 좋아져서 수은 증기가 공기 중으로 유입되는 것을 최소화합니다. 그래도 수은을 다루는 작업은 여전히 위험하지요.

이런 위험성 때문에 수은이 유출되면 바로 안전 조치를 취해야 합니다. 엎질러진 수은 방울은 절대 맨손으로 만지면 안 됩니다. 여러 겹으로 접은 종이를 이용해 유리병에 옮겨 담아야 하지요. 또한 수은이 공기 중으로 증발하지 않게 그 유리병을 물로 채워야 합니다. 그 후에 방을 신선한 공기로 환기시킵니다. 다시 모은 수은은 재활용할 수도 있습니다.

수은이 좁은 틈으로 흘러들어 갔다면 틈새에 에폭시 페인트나 폴리우레탄으로 된 밀봉 시약을 발라 틈을 덮어서 수은이 증발하는 것을 일시적으로 막아 줍니다.

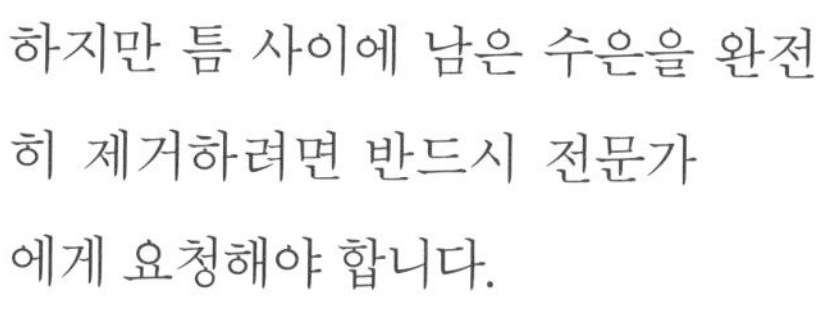

하지만 틈 사이에 남은 수은을 완전히 제거하려면 반드시 전문가에게 요청해야 합니다.

요즘에는 수은 온도계가 거의 생산되지 않고 갈린스탄이나 인가스 합금이 수은의 역할을 대신합니다.

갈린스탄은 갈륨 68.5%, 인듐 21.5%, 주석 10%로 이루어진 합금인데 녹는점이 -19℃로 수은의 녹는점(-39℃)보다 높습니다. 이러한 이유로 무척 추운 지역에서는 갈린스탄 온도계를 사용하기 어렵지만 대부분의 경우 무독성 갈린스탄은 수은을 완벽하게 대체할 수 있지요.

## 수은과 고고학자의 작업

수은이 인체에 미치는 해로움은 오랫동안 과소평가되었습니다. 그래서 수은을 이용해 만든 화합물이 의약품으로 사용되기도 했지요. 1806년 육로를 통해 처음으로 북미 전역을 횡단한 미국의 루이스·클라크 원정대의 일원이었던 한 의사는 환자들에게 수은과 염소와 화합물인 염화 수은(칼로멜, 또는 감홍이라고도 함)을 변비약으로 처방한 일도 있었습니다. 다행히도 이 약은

말 그대로 반응이 빨라서 인체에 심각한 해를 입힐 겨를도 없이 몸 밖으로 빠르게 배출되었지요. 이런 이유로 당시 원정대 대원들의 배설물에 많은 양의 수은이 함유되어 있었고, 오늘날 고고학자들은 미국 북서쪽에서 수은 농도가 높은 토양을 토대로 수은 배설물의 흔적들을 찾아내어 원정대의 정확한 탐험 경로를 추적하고 있습니다.



## 연금술의 유행

고대 문명이 쇠퇴한 이후 중세 시대 사람들은 새로운 금속을 한동안 발견하지 못했습니다. 중세 유럽에서는 구리, 납, 주석 등으로 금이나 은 같은 귀금속을 제조하려고 한 연금술이 유행했는데, 연금술사들은 순수한 형태의 비소를 사용했습니다. 금속과 비금속의 중간 성질을 띠는 준금속인 비소는 고대에도 구

리에 섞어 비소 청동을 만드는 데 쓰이기도 했습니다. 중세 이후 르네상스 시대에는 비스무트가 많이 사용되었습니다. 비스무트는 훨씬 이전부터 사용되었지만, 사람들은 비스무트를 은이나 납, 주석으로 생각했습니다. 그러다가 1753년에 이르러서야 화학자들에 의해 별도의 금속이란 것이 확인되었지요.



화합물의 형태로 오랫동안 사용되었던 코발트(1735년 분리, 발견)와 아연(1739년 분리, 발견) 역시 비슷한 시기에 순수한 형태의 금속으로 확인되기 시작했습니다. 고대 이집트인은 코발트로 염료를 만들어 유리를 파란색으로 염색하는 데 썼으며, 오늘날까지도 코발트로 장식한 접시와 식기를 사용하고 있습니다. 반면 구리에 아연을 첨가한 합금인 황동은 고대 그리스인들이 자주 사용하곤 했습니다. 코발트와 아연은 오랫동안 화합물의 일종으로 여겨졌지만, 근대에 들어서 새로운 원소로 인식되기 시작했지요.

이런 금속은 자연에서 순수한 형태로 거의 발견되지 않고 다른 금속과 혼합된 형태로 발견되기 때문에 과거에는 개별적인 금속으로 구분하는 일이 쉽지 않았을 것입니다. 광석에서 금속을 얻는다고 하더라도 그 금속의 성분을 분석해야 했는데 당시 기술로는 더욱 어려운 일이었지요.

## 계몽주의 시대의 금속 발견

계몽주의 시대가 도래하면서 과학은 더욱 발전했고, 18세기부터 화학자들은 몇 년마다 새로운 금속을 발견하게 되었습니다. 예를 들어 1774년에 발견된 망가니즈는 1882년에 '고망가니즈 강(헤드필드 강)'을 만드는 데 사용되었지요('강'은 철과 탄소의 합금으로 흔히 '강철'이라고 합니다). 고망가니즈 강은 철, 망가니즈, 탄소, 규소로 이루어져 있으며 마찰에도 닳지 않고 잘 견디는 내마모성이 좋고 강도가 높은 특성을 띠는 합금입니다. 1868년에는 '사마칼 뮤세타'라고 불리는 강철이 추가됐는데, 이 명칭은 야금학자 로버트 포레스터 머셰트의 이름에서 따왔습니다. 1783년에는 이 강철에 텅스텐이 추가되었지요.

사마칼 뮤세타는 공식적으로 '공구강(기계나 가공용 공구를 만드는 데 사용되는 강철)'이라고 불리는데, 공구강을 이용하면 아주 단단한 금속도 쉽게 자를 수 있습니다. 이 강철은 '스스로 제련되는 강철'이라는 별명도 갖고 있습니다. 담금질 과정에서 물을 사용하지 않고도 공기 중에서 딱딱하게 굳을 뿐만 아니라, 열을 가하면 부드러워지는 게 아니라 오히려 약간 더 단단해지기 때문입니다.

## 금처럼 대우받은 알루미늄

역사가 근대에 들어섰다 하더라도, 초기에 발견된 금속이 받는 대우가 달라지지 않았습니다. 즉, 금속이 처음 발견되면 이 새로운 금속은 산업에서 먼저 활용된 것이 아니라 고대와 마찬가지로 지배층의 관심을 차지했지요. 알루미늄도 마찬가지였습니다. 1825년에 발견된 알루미늄은 구하기가 매우 어려워서 대략 반세기 동안 무척 비쌌습니다. 요즘에는 저렴하고 사용하기 편리한 그릇이나 요리 도구를 알루미늄으로 만들기도 하지만 19세기에 알루미늄의 가치는 금보다 비쌌습니다. 당시 유럽 군주들은 값비싼 알루미늄으로 단추나 숟가락, 심지어 친위대의 갑옷을 만들기도 했지요.

일례로 프랑스의 황제 나폴레옹 3세가 연회를 열었을 때 연회에 참석한 황제의 측근들은 알루미늄으로 만든 선물을 받았지만, 일반 손님들은 금과 은으로 만든 선물을 받았습니다. 또

한 1889년에 유명한 화학자 드미트리 멘델레예프가 아주 값비싼 기념품을 받은 적이 있었는데, 바로 알루미늄으로 만든 저울이었지요. 알루미늄이 그만큼 구하기 힘들고 귀했다는 의미입니다.



하지만 이처럼 구하기 힘든 금속도 대량으로 생산할 수 있는 기술이 개발되면서 가격이 폭락했습니다. 그래서 금덩어리를 모으는 것처럼 알루미늄 덩어리를 노후 자금으로 사 두었던 이들은 많은 재산을 순식간에 잃게 되었지요. 가령 1854년에는 알루미늄 1킬로그램이 1,200루블의 가치를 지니고 있었지만, 19세기 말에는 불과 1루블에 불과했습니다. 궁전에서 사치품으로 사용되던 알루미늄도 공장으로 가서 재활용되는 신세가 되었지요.

## 위험한 방사성 원소

새로운 금속이 발견되면서 위험한 방사성 원소가 예기치 않게 발견되기도 했습니다. 원자는 원자핵 속의 양성자와 중성자 비율에 따라 불안정한 원자핵이 되거나 안정적인 원자핵이 됩니다. 상태가 불안정한 원자핵은 특정 입자나 빛을 방출하면서 안정적인 상태로 바뀌려는 성질이 있는데, 이 입자나 빛이 바로 알파선, 베타선, 감마선 같은 방사선이지요.

원자핵이 붕괴하면서 방사선을 방출하는 성질을 '방사능'이라 하고, 이런 방사능의 성질을 띠는 원소를 '방사성 원소'라고 합니다. 방사성 원소가 발견된 이후 모든 원소에는 동위 원소(원자 번호는 같으나 질량수가 서로 다른 원소. 양성자의 수는 같으나 중성자의 수가 다름)가 있다는 것이 밝혀졌습니다. 가령 산소나 탄소에도 방사성 동위 원소가 있습니다. 18세기 말 독일의 화학자였던 마르틴 하인리히 클라프로트는 광산 폐기물에서 종종 발견되었던 역청 우라늄석에 관심을 가지게 되었습니다. 그런데 광부들이 그 까만 돌덩어리들을 재빨리 치우려고 하는 것을 보고 이상하게 여겼지요. 아마도 당시 광부들은 이 광물이 인체에 유해하다는 사실을 이미 알았는지도 모릅니다.

오늘날 우리는 이 광물을 섬우라늄석(우라니나이트라고도 함)이라고 부릅니다. 1789년에 클라프로트는 이 광물에서 검은색 물질을 분리했고 이 물질이 새로운 금속이란 것을 알게 되었지요. 1781년 태양계의 행성에 속하는 천왕성이 발견되었는데, 천왕성을 영어로 '우라노스(Uranus)'라고 합니다. 클라프로트는 당시 새로 발견된 천왕성을 기리기 위해 자신이 발견한 금속을 우라노스에서 따온 우라늄이라고 이름 붙였지요. 당시 천문학자들 사이에서 새 행성인 천왕성을 '우라노스'라고 부를지 아니면 당시 영국을 통치하던 영국 왕의 이름을 따서 '조지(George)의 별(star)'이라고 부를지 논쟁이 있었고 이후 행성 이름을 따서 새로운 원소의 이름을 짓는 전통이 생겨났습니다. 이후에도 클라프로트는 새로운 금속을 하나 더 발견했는데 토성의 위성인 타이탄의 이름을 따서 타이타늄이라고 이름 붙였지요.

그런데 클라프로트가 발견한 물질은 우라늄 그 자체가 아니라 우라늄의 산화물이라는 것이 이후에 밝혀졌습니다. 1840년이 되어서야 프랑스 화학자 외젠 멜키오르 펠리고가 강철색과 유사한 회색빛이 도는 우라늄을 순수한 형태로 분리해 냈지요.

## 카메라 오브스쿠라

우라늄 이야기에서 잠시 벗어나 우리가 이미 알고 있는 '은' 이야기를 다시 해 보겠습니다. 그런데 지금 말하려는 은은 우리가 알고 있던 은이 아니라, 새로운 은입니다. 1770년대에 스웨덴의 화학자 카를 빌헬름 셸레가 이 새로운 은에 대해 놀라운 성질을 발견했습니다. 좀 더 정확히 말하자면, 염소와 은의 화합물인 염화 은에 대한 것이었습니다. 은을 질산에 녹인 질산염에 염소 이온을 가하면 염화 은이라는 흰 가루가 생기는데, 빛에 민감한 이 염화 은은 감광성, 즉 빛에 노출이 되면 화학 변화를 일으키는 성질이 있습니다.

학자들은 '은이 포함된 염(은 할로젠 감광제라고 합니다)'을 통해 이미지, 즉 사진을 얻기 위한 실험을 하기 시작했습니다. 예를 들어 염화 은의 작은 결정체를 젤라틴과 혼합한 다음 이 혼합물을 얇은 판에 바릅니다. 그 이후에 그 판을 카메라 오브스쿠라에 올려놓으면, 판 위에 이미지가 나타납니다. 빛에 노출된 부분은 은이 침전되어 검게 변하게 되고, 빛이 닿지 않는 부분은 흰색으로 남는 것이지요.

이런 실험을 거듭하며 사진 기술은 더욱 발전했습니다. 앞에서 말한 판은 무겁고 깨지기 쉬웠기 때문에 상자에 담기기 편리한 필름 형태로 대체되었지만, 은의 결정체들이 빛의 영향으로 색이 변한다는 사진에 대한 기본 원리는 변하지 않았지요.

그렇다면 사진과 우라늄은 도대체 어떤 연관이 있을까요?

'어두운 방'이라는 뜻의 라틴어에서 유래한 카메라 오브스쿠라는 벽면에 작은 구멍이 있는 닫힌 상자를 의미한다. 빛이 상자 벽면의 구멍을 통과하면서 반대쪽 상자 벽면에 외부 풍경이나 형태가 거꾸로 비치는데, 그 구멍에 렌즈를 삽입하면 선명한 사진을 얻을 수 있다. 오늘날 우리가 사용하는 카메라가 카메라 오브스쿠라의 원리이다.



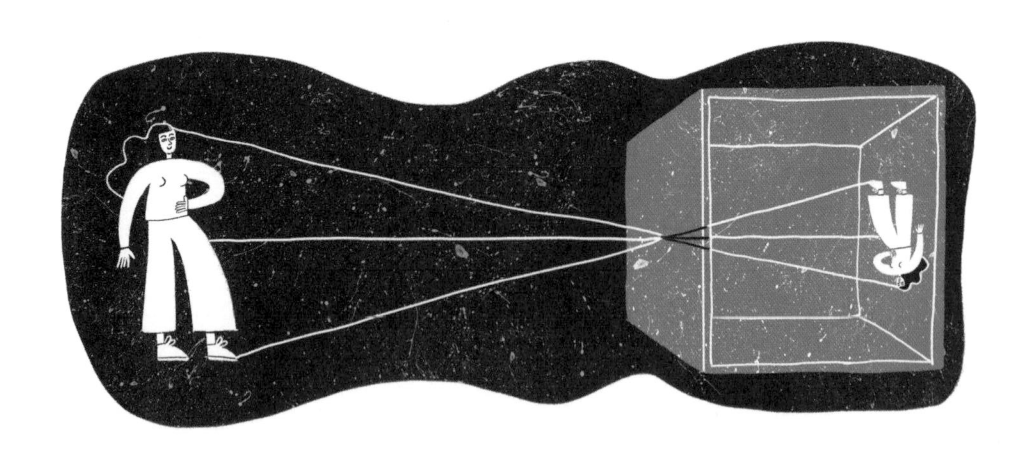

## 방사능의 발견



19세기 초 우라늄은 빛과 특별한 관계를 맺게 되었습니다. 우라늄 염은 루미네선스 현상, 즉 발광이 가능한 것으로 밝혀졌지요. 또한 1857년에는 프랑스의 사진가이자 발명가인 아벨 니엡스 드 생 빅토르가 우라늄과 그 화합물이 은 할로젠 감광제를 변화시킨다는 것을 발견했습니다. 마치 햇빛에 은 할로젠 감광제가 반응하는 것처럼 말이지요. 니엡스는 우라늄이 인간의 눈에 보이지 않는 어떤 광선을 방출한다고 추측했습니다. 사실상 그는 방사능을 발견한 것이었지요.

그러나 1896년까지 우라늄의 이러한 성질에 대해 학자들은 관심을 기울이지 않았습니다. 그러던 어느 날 프랑스의 물리학자 앙투안 앙리 베크렐이 실험을 준비하면서, 사진 찍을 때 사용하는 얇은 판을 실수로 우라늄 염류 조각 옆에 두었습니다.

얇은 판의 불투명한 막은 손상을 입지 않았지만, 베크렐이 실험을 시작하려고 판을 펼치자 빛이 나기 시작했습니다. 베크렐은 손상된 얇은 판을 버리고 새 판을 사용할 수 있었지만 무엇이 문제인지 알아보기로 했습니다. 그 결과, 우라늄을 비롯해 모든 우라늄 화합물에서 눈에 보이지 않는 광선이 방출된다는 것이 밝혀졌지요. 이 물질은 방사하는 광선, 즉 방사선이라고 불리게 되었습니다. 우라늄 방사능의 성질이 재조명되는 순간이었지요.

그 이후 화학자들과 물리학자들은 새로운 방사성 원소를 찾기 위해 경쟁하기 시작했습니다. 1898년 과학자 부부인 마리 퀴리와 피에르 퀴리가 라듐과 폴로늄을 발견했고, 같은 해에 오랫동안 알려져 있던 토륨이라는 금속 원소도 방사성 물질이라는 사실이 밝혀졌습니다.

## 퀴리 부부의 공로

'라듐 발견'이라는 말을 들으면 과학자가 손에 은빛 금속 조각을 들고 있는 장면을 무의식적으로 상상하게 됩니다. 마찬가지로 마리 퀴리와 피에르 퀴리 부부가 라듐을 발견했다고 하면 이 부부가 라듐을 직접 손에 넣었다는 생각이 들지요. 하지만 이들은 라듐을 손에 넣기 전에, 그러니까 추출하기 이전에 이미 라듐에 대해 알고 있었습니다.

처음에 이 두 과학자는 우라니나이트에 우라늄뿐만 아니라 다른 원소가 있다는 것을 발견했습니다. 우라니나이트에서 우라늄을 추출하고 난 이후에도 우라니나이트의 폐기물에 또 다른 방사능이 남아 있었고, 그 방사능은 순수한 우라늄에 있던 방사능보다 훨씬 더 많았지요. 즉, 이는 앞서 추출해 낸 우라늄의 잔여물이 아닐 수 있다는 것을 의미하며 방사능이 훨씬 더 강한 또 다른 원소가 있음을 시사합니다. 실험을 통해 우라니나이트에 두 가지 원소가 있다는 것이 밝혀졌습니다. 그중 하나가 라듐(라틴어로 '빛을 낸다'는 뜻)이고 또 다른 하나는 폴로늄이

라듐은 그리 희귀한 원소는 아니다. 두께가 1.6km인 지각 상층에만 약 1,800만t의 라듐이 존재한다. 프랑슘은 지각 전체에서 고작 20~30g 뿐인데, 라듐은 프랑슘과 비교할 수 없을 만큼 많은 셈이다. 하지만 라듐은 침전물이나 광석을 만들어 내지는 않으며 가장 오래된 동위 원소의 반감기도 1600년에 불과하다. 자연에서 라듐은 우라늄으로부터 끊임없이 만들어지지만, 우라늄은 천천히 붕괴되고 라듐은 빠르게 붕괴하기 때문에 우라늄 광석 1t당 라듐은 0.1g에 불과하다.

었지요. 폴로늄은 마리 퀴리의 출생지인 폴란드에서 따온 이름입니다. 이처럼 마리 퀴리와 피에르 퀴리 부부는 라듐을 추출하기 이전에 라듐의 존재를 알고 있었습니다. 방사능이 방출된다는 사실로부터 다른 금속의 유무를 추측하는 것과, 실질적으로 금속을 발견하는 것은 별개의 일이었습니다. 그 이후에야 퀴리 부부는 우라늄 광석에서 라듐을 추출하기 시작했습니다.



4년 동안 마리 퀴리는 충분한 양의 염화 라듐을 얻을 때까지 수 톤의 우라니나이트를 산에 녹이며 침전시켰고 그 침전물을 여과시켰지요. 이러한 과학적 업적으로 마리 퀴리는 화학 분야에서 두 번째 노벨상을 수상했습니다. 마리 퀴리의 첫 번째 노벨상은 물리학 분야였는데, 방사능의 발견으로 남편인 피에르 퀴리, 앙리 베크렐과 함께 공동으로 수상했지요.

## 라듐의 목적

그렇다면 어떤 목적 때문에 라듐을 분리할 필요가 있었을까요? 불순물 없이 순수한 형태로 분리된 라듐은 원자량을 정확

히 측정할 수 있습니다. 라듐을 분리함으로써 과학자들은 많은 것을 발견했는데 예를 들어 라듐으로 방사선을 맞은 다른 원소들까지 방사능을 띠게 되는 '유도 방사능'을 발견한 것입니다. 또한 황산 라듐의 농축 용액이 어둠 속에서 빛난다는 것이 발견되기도 했지요. 이뿐만 아니라 피에르 퀴리는 라듐이 붕괴할 때 열이 난다는 것, 즉 많은 양의 에너지를 방출한다는 것을 발견했습니다. 이 원리가 바로 원자력 발전이나 핵폭탄을 만들기 위한 첫걸음이 되었지요.



## 인공적으로 얻은 금속

우라늄, 토륨, 라듐, 폴로늄 그리고 기타 여러 방사성 금속은 자연적인 원소들이며 지표면에 존재합니다. 그래서 과학자들은 천연 광물(대부분 우라니나이트)에서 위 원소들을 채취했지요.

가장 최근에 발견한 천연 원소는 1913년에 발견된 프로트악티늄입니다. 그 이후 오랫동안 새로운 원소가 발견되지 않다가 1940년에 넵투늄과 플루토늄이 금속 계열로 추가되었습니다. 하지만 이 두 금속은 원자로 혹은 입자 가속기에서 인공적으로 얻은 것이었지요.

## 방사능의 위험성

방사능은 치명적으로 위험해서 어떠한 경우라도 접촉을 피해야 한다는 것은 이제 널리 알려진 사실입니다. 방사능에 노출된다고 해서 그 즉시 반응이 나타나는 것은 아닙니다. 앞에서 우라니나이트를 좋아하지 않았던 독일 광부들조차도 그 광물을 왜 싫어했는지 설명하지 못했지요.

사실 초기에 방사능을 발견한 이들은 그 위험성을 매우 빨리 인지했습니다. 1902년에 앙리 베크렐은 황산 라듐이 든 시험관을 조끼에 넣어 두곤 했는데, 이후 몸에서 궤양이 발견되었습니다. 피에르 퀴리는 자신을 실험 대상으로 삼았습니다. 10시간 동안 시험관을 갖고 다녔고 그 이후 방사선으로 생긴 궤양이 어떻게 치유되는지 몇 달 동안 유심히 관찰했지요.



놀랍게도 피에르 퀴리뿐만 아니라 과학자들은 피폭에 대해 특별한 주의를 기울이지도 않은 채 방사성 물질을 계속 연구했고, 안타깝게도 그들 중 많은 이들이 방사능 질환으로 사망에 이르렀습니다. 방사능이 신체에 미치는 해로운 영향을 알고 있었음에도 20세기 초반의 과학자들이 방사능에 특별한 주의를 기울이지 않았던 까닭은 여전히 미스터리로 남아 있습니다.

## 방사성 물질의 용도



방사성 물질이 그렇게 위험한데도 계속 연구하는 이유가 뭘까요? 인공적으로 합성된 원소들 가운데 아주 짧은 시간 동안 '살아 있는' 원소들은 말 그대로 학문적 관심의 대상일 뿐입니다. 하지만 더 오래 살아 있는 방사성 원소들을 실질적으로 활용할 수 있는 분야가 있습니다. 방사성 원소를 가진 금속의 성질은 일반적으로 잘 활용되지는 않습니다. 다만 방사성 원소들이 에너지를 분출하며 '붕괴'하는 현상에 사람들이 관심을 갖는 것이지요.

방사성 물질은 에너지를 생산하는 연료 역할을 합니다. 원자력 발전소 안에 있는 대형 원자로만의 이야기가 아닙니다. 가령 플루토늄, 폴로늄, 아메리슘, 퀴륨 같은 많은 원소가 매우 간편한 에너지원으로 여러 방면에서 활용될 수 있지요.

이러한 원자핵 배터리들은 달 탐사선에도 사용되었고, 미국의 보이저 우주 탐사선에도 전력을 공급했으며, 자동 기상 관측

소와 북극에 있는 등대에도 에너지를 공급하고 있습니다.

방사성 금속의 또 다른 용도는 바로 암 치료입니다. 방사선은 살아 있는 세포를 죽이지만 그보다 먼저 암세포를 죽입니다. 이 때문에 암 종양 세포를 선별적으로 먼저 죽이고 건강한 세포는 죽지 않도록 방사선량을 조절할 수 있습니다.

## 우라늄을 이용한 방어

하지만 가장 예상치 못한 우라늄 활용 방안은 바로 원자량이 238인 우라늄의 동위 원소입니다. 우라늄-238은 방사능을 방어할 수 있는데, 이 동위 원소는 아주 천천히 붕괴되어 반감기가 약 40억 년 이상이나 됩니다. 그런 까닭에 우라늄 자체의 방사능은 매우 적으며, 원자핵은 무거울수록 위험한 방사능을 더욱 잘 흡수하기 때문에 우라늄은 가벼운 납보다 방사능을 막는 데 더욱 효과적입니다.

우라늄-238은 금속 산업 분야에서도 활용됩니다. 우라늄-238은 매우 단단하고 내구성이 좋아서 합금을 만들 때 질 좋은 혼합물로 사용됩니다. 이를 이용해 전차에서 총포탄을 막는 방탄판이나 방탄복 또는 이와 반대로 철판 장갑도 뚫을 수 있는 포탄까지 만들 수 있지요.

## 희귀한 금속, 희토류

'자연계에 아주 드물게 존재하는 금속 원소'라는 뜻에서 희토류라는 이름이 붙은 금속 원소들이 있습니다. 18세기에서 20세기 초 화학자들은 물에 용해되지 않는 금속 산화물 광석을 '토류'라고 불렀습니다.



토류에는 광부와 야금학자, 화학자들이 자주 접하는 철, 구리를 비롯해 기타 친숙한 금속이 있습니다. 그런데 1787년 스

웨덴의 지질학자이자 화학자인 칼 악셀 아레니우스는 스톡홀름에서 멀리 떨어지지 않은 위테르뷔라는 마을에서 새로운 광물을 발견했습니다. 이 광물은 핀란드의 화학자이자 광물학자인 요한 가돌린의 화학 연구소로 보내지게 되었고 가돌린의 이름을 따서 가돌리나이트라는 명칭을 얻게 되었지요.

가돌린은 이 광물에서 일반적이지 않은 '토류', 즉 학계에 알려지지 않은 금속 산화물이 함유되어 있다는 것을 발견했습니다. 저명한 스웨덴 화학자인 옌스 야코브 베르셀리우스는 가돌리나이트 안에 이와 같은 토류가 두 개 있다는 것을 발견했지요. 이후에 또 다른 스웨덴 과학자인 칼 구스타브 모산데르는 가돌리나이트에서 여섯 개의 토류, 즉 여섯 개의 다양한 원소를 분리해 냈습니다.



여기서 끝이 아니었습니다. 모산데르가 분리한 원소 '디디뮴'의 토류는 더 많은 산화물로 나뉘게 되고 그 결과 1907년까지 화학자들은 희토류라고 불리는 16개의 원소를 분리하게 되었습니다. 이들 중 이트륨, 이터븀, 터븀, 어븀 네 원소는 희토류 광물이 처음 발견된 스웨덴의 마을 위테르뷔의 이름을 따서 명명되었습니다.

## 넓게 흩뿌려진 희토류

희토류는 사실 그다지 희귀한 원소는 아닙니다. 오히려 납보다도 흔하지요. 지구 표면에 있는 세륨의 양은 구리의 양과 거의 비슷하지만 구리, 납, 철과 달리 희토류가 광물 형태로는 희

귀하게 존재하기 때문에 희토류로 불립니다. 희토류는 지구 표면 전체에 골고루 분포되어 있으며 심지어 희토류가 매장된 곳으로 여겨지는 지역에서도 희토류는 다른 물질과 뒤섞여 있습니다. 단지 이런 매장지에는 다른 지역에 비하면 희토류가 좀 더 많을 뿐이지요.

또한 희토류에 속한 금속은 각각 따로따로 발견되는 것이 아니라 묶여서 발견됩니다. 마치 가돌리나이트에 금속 원소 여섯 개가 형제처럼 붙어 있었던 것처럼 말이지요. 사실 모든 희토류 원소는 화학적 특성과 물리적 특성이 부분적으로 상당히 유사합니다. 이는 흘러내리는 용암이 응고되거나 침전될 때 용암에 녹은 퇴적물이 하나의 집합적인 결정으로 만들어져서 성질이 유사해진다는 것을 떠올리면 이해하기 쉬울 것입니다.

## 촉매 변환기에 사용되는 희토류

희토류 금속은 특별하고 독특한 특성을 지니기 때문에 채굴할 만한 가치가 있습니다. 물론 채굴 비용이 만만치 않지요. 페라이트 자석보다 자기력이 훨씬 강한 네오디뮴 자석은 희토류 금속인 네오디뮴과 철 그리고 준금속인 붕소의 합금으로 구성되어 있습니다. 이와 거의 동등한 자기력을 가진 또 다른 유형의 자석은 사마륨 코발트 자석입니다.

세륨 산화물은 자동차 촉매 변환기에 있는 촉매제의 주된 재료입니다. 이러한 촉매제가 없다면 자동차 배기관은 훨씬 더 많은 유해 물질(일산화 탄소, 질소 산화물)을 방출하게 됩니다. 촉매 변환기 덕분에 유해 물질이 이산화 탄소와 질소 같은 무해한 물질로 전환될 수 있지요.

촉매 변환기

## 불안정성의 섬

1907년까지 열여섯 개의 희토류 원소가 알려졌고, 이 그룹 중 마지막 원소는 '프로메튬'으로 1945년에 발견되었습니다. 프로메튬은 원자로에서 나온 우라늄 연료의 핵분열 생성 과정에서 처음 발견되었지만 입자 가속기에서 인위적으로 만들 수도 있습니다. 하지만 자연 상태에서는 우라늄 광석에 극히 적은 양이 존재합니다. 방사성 물질인 프로메튬은 아주 빠르게 붕괴하는데, 반감기가 18년에 불과합니다. 즉, 지구 표면에서 프로메튬은 프랑슘보다 약간 더 많을 뿐이고, 또한 천연 광물에서 프로메튬을 분리하는 것은 경제적이지 않습니다.

프로메튬이 방사성 원소라는 것은 놀라운 일입니다. 방사성 원소는 무겁고 멘델레예프 주기율표의 아래쪽에 위치해 있지만 프로메튬은 주기율표의 중간 즈음에 위치해 있습니다. 프로메튬에 뒤이어 더 무거운 핵을 가진 스물한 개의 원소들이 안정 동위 원소를 갖고 있기 때문이지요. 초중량 불안정성 원소들 사이에서 '안정성의 섬(고도로 안정된 핵을 가진 초중량 화학 원소 집합)'의 발견에 대해서는 잘 알려지지 않았습니다. 그러나 불안정성의 섬은 이미 발견된 바가 있지요. 마찬가지로 훨씬 더 예상하기 어려운 것은 불안정성의 섬이 바로 테크네튬을 나타낸다는 것입니다.

그리스어의 '테크네토스('인공적인'이라는 뜻)'에서 유래한 '테크네튬'은 발견의 역사를 반영한다. 천연자원이 아닌 기술을 통해 얻은 것이기 때문이다. 지구상에 존재하는 대부분의 테크네튬은 원자로에서 우라늄-235가 붕괴하면서 만들어지고 핵 연료봉을 재처리하는 과정에서 얻을 수 있다.

## 방사선의 종류

방사선의 종류에는 알파, 베타 및 감마선 이외에도 엑스선이 있습니다. 이 엑스선, 즉 엑스레이는 독일의 물리학자 빌헬름 콘라트 뢴트겐에 의해 발견되고 연구되었지요.

엑스레이는 제1차 세계 대전 중 최전선의 병원에서 처음 사용되기 시작했습니다. 눈에 보이지 않는 이 광선은 신체의 연조직은 관통하지만 뼈와 금속 물체는 통과하지 못하기 때문에 엑스레이를 통해 부상자의 몸에 박힌 총알이나 파편, 뼈의 골절 여부를 확인할 수 있습니다. 이 새로운 기술을 도입하기 위해 마리 퀴리는 엄청난 노력을 기울였습니다. 파리 대학교에서 방사능을 연구하던 마리 퀴리는 제1차 세계 대전 당시 최전선에서 부상당한 병사들을 위해 자동차를 개조하여 '이동식 방사선 촬영 장비'를 개발했습니다. 이 발명으로 엑스레이 기술은 일반 병원에서도 쉽게 사용할 수 있게 되었고, 수많은 생명을 구하는 기술로 발전했습니다.



엑스레이는 가벼운 원소의 원자(즉 주기열표 상단에 위치한 원소)를 쉽게 관통하는 반면 훨씬 무거운 원자들은 관통하지 못한다. 리튬, 나트륨 그리고 그 외 기타 엑스레이용 경금속은 비금속인 탄소, 산소 또는 황보다 훨씬 더 투명하다.

## 실험 3 반감기란 무엇일까?

방사능에 대해 이야기할 때, 항상 '반감기'라는 표현을 사용한다. 반감기는 도대체 무엇을 의미할까? 사실 방사성 동위 원소는 동시에 붕괴하지 않는데 방사성 원자 입장에서는 '노령기'가 없기 때문이다. 각각의 원자와 그 원자의 동위 원소가 붕괴할 확률은 원자가 몇 년 동안 존재했는지에 상관없이 동일하다. 1000년 안에 원자가 붕괴할 확률이 50%라고 가정할 때 예컨대 1,000개의 원자를 가졌다고 하면 1000년 안에 약 500개의 원자가 붕괴한다. 그리고 남은 500개 원자 중 그다음 1000년 동안 그 절반인 250개의 원자가 붕괴하고, 이후 1000년 동안 250개의 원자 중에서 125개가 붕괴한다. 이 1000년이 곧 우리가 갖기로 한 동위 원소의 반감기가 되는 것이다. 반감기가 무엇인지 더 잘 이해하기 위해 간단한 실험을 해 보자.



### 실험 목표

**방사성 동위 원소 붕괴를 모형을 만들어 보고 반감기가 무엇인지 이해하기**

### 준비물

- 동전 수십 개 (어떤 것이든 상관없고, 서로 다른 동전도 가능)
- 상자

## 우리가 할 것

동전 한 줌을 위로 던진다(방 전체가 어지럽혀지지 않도록 상자 안에 던지면 좋다). 이때 동전 뒷면을 '원자의 붕괴'라고 약속한다. 그리고 상자에서 동전을 꺼낸 뒤 몇 개의 동전이 뒷면, 즉 원자의 붕괴가 나왔는지 세어 본다. 같은 방식으로 동전을 던져 동전 앞·뒷면이 나온 수를 아래 표에다가 적어 본다. 앞면이 나온 동전은 마지막 동전이 원자의 붕괴가 나올 때까지 반복해서 던진다.

| 동전을 던진 횟수 | 초기 '원자'의 수 (동전 앞면) | 붕괴된 '원자'의 수 (동전 뒷면) |
|---|---|---|
| 1 | | |
| 2 | | |
| 3 | | |
| 4 | | |
| 5 | | |
| 6 | | |
| 7 | | |

## 결론

원자(동전)의 '반감기'는 곧 한 번의 던지기라고 할 때 붕괴 모형에서 모든 동전이 뒷면, 즉 붕괴되기 위해서는 꽤 오랜 시간이 걸린다. 어떤 동전은 몇 차례 계속해서 앞면만 나오기도 하는데 그 동전에 문제가 있어서 그런 것은 아니다. 단지 확률 이론의 법칙일 뿐이다.

나는 그거랑 무슨 상관인데?
나라고 알고 있을 거 같아? 무시킨에게 물어봐!
이 금속을 어떻게 얻을 수 있을까요?

# 제4장
# 금속을 어떻게 얻을까?

우리가 볼 수 있는 금속 가운데 순수한 형태의 금속은 땅 표면에 아주 적은 양으로만 존재합니다. 대다수 금속은 가공을 거쳐야 유용하게 사용할 수 있지요. 금과 은은 산업적으로 광물을 채취해 얻을 수 있지만, 금과 은 또한 다른 금속 화합물에서 추출할 수도 있습니다. 예를 들어 고대 이집트 시대부터 귀금속을 만드는 재료로 많이 사용된 호박금('엘렉트럼'이라고도 합니다)은 금과 은을 섞은 합금인데, 자연 상태에서는 황철석, 방연석, 텅스텐 같은 광물과 함께 산출되기도 합니다. 이 호박금에서 금을 따로 얻으려면 은을 분리해 내야 하지요.

자연에서 얻을 수 있는 대부분의 금속은 산소와 다른 원소의 화합물인 산화물, 황과 다른 원소의 화합물인 황화물, 탄산의 수소 이온이 금속의 양이온과 바뀌어 된 화합물인 탄산염과 같은 화합물 상태로 발견됩니다. 이런 화합물 상태의 금속은 순수한 금속과 성질이 전혀 다릅니다. 즉, 유연하게 변형되는 성질이 없고, 전기가 흐르지 않으며, 쉽게 부서지고 보크사이트(알루미늄 광석)처럼 부드러운 점토 형태를 띠기도 합니다. 한마디로 말하자면 '돌멩이'와 다름없지요. 광석 그 자체로는 쓸모가 거의 없고 광석에서 유용한 금속을 추출해야만 합니다.

## 붉은 광석



러시아어로 'руда(루다)'는 '광석'을 뜻하는데 '빨간색'을 의미하는 인도·유럽어의 어근에서 유래했습니다(이 인도 유럽어에서 '빨간색'을 뜻하는 영어 단어 'red'도 나왔지요). 러시아어가 속한 슬라브 계열 언어(인도·유럽 어족에 속하며 유럽 중동부에서 시베리아에 이르는 지역의 여러 민족이 쓰는 언어)에서 '붉은색'을 뜻하는 단어로 'рудый(루디)'를 쓰는데, 니콜라이 고골의 소설《디칸카 근교 마을의 야회》라는 작품에는 빨간 머리의 벌치기 이야기꾼 '루디 판코'라는 인물이 등장합니다. 루디 판코란, '붉은빛을 띠는 머리카락'이라는 뜻인데 형용사 '붉은(루디)'의 어원 역시 '광석(루다)'과 같지요. 처음에는 붉은색 철 광물만 '광석'이라고 불렀지만, 시간이 지나면서 금속의 성질을 지닌 모든 광물을 광석이라 부르기 시작했습니다.

## 금속 매장지 찾기

광석에서 금속을 추출하려면, 그 금속을 함유한 광석을 먼저 찾아야 합니다. 고대와 중세 사람들은 금속 매장지를 우연히 발견했지만 오늘날에는 지질학자들이 특정 광물이 묻혀 있을 가능성이 높은 곳을 과학적으로 추측할 수 있습니다. 예를 들어 보크사이트는 열대 기후 지역의 오래된 산기슭이나 무너져 가는 산속에서 찾을 수 있습니다. 구리와 금은 한때 온천수가 흘렀던 지역, 즉 화산 활동이 있었던 곳에서 대량으로 종종 발견됩니다. 만약 금이 함유된 암석이 부서져 무너지게 되면 흐르는 강과 개울에서 암석 파편 형태로 된 금을 찾을 수 있는데, 그 암석 파편들이 강을 따라 흐르며 금 알갱이 형태로 하류까지 흘러 내려가기도 하지요. 아주 오래된 얕은 호수 바닥에서는 많은 양의 철을 발견할 수 있습니다. 그리고 특정 식물이 많이 자란 곳을 보고 땅속에 특정 광석이나 금속이 있다는 것을 알 수 있기도 합니다.

## 자기 이상 현상

18세기에 러시아의 표트르 이노호트체프라는 천문학자가 탐험 중에 벨고로드와 쿠르스크 지역 근처에서 나침반이 이상하게 작동한다는 사실을 알아차렸습니다. 나침반의 바늘이 북쪽이 아닌 다른 방향을 가리키는 것이었지요. 당시 이노호트체프는 나침반 바늘이 왜 방향을 못 잡는지 이해하지 못했습니다.

한 세기가 지난 뒤에야 과학자들은 쿠르스크 지역에서 발생한 '자기 이상'의 원인이 무엇인지 알게 되었습니다. 쿠르스크의 지하에 엄청난 양의 철광석이 매장되어 있었는데, 철광석이 자성을 띠기 때문에 나침반의 방향을 흔들어 놓았던 것이지요. 1909년에 확인된 쿠르스크 지하의 철광석은 1930년대에 이르러서야 본격적으로 채굴이 시작되었습니다. 이 지역에서 가장 큰 채석장은 깊이가 600m, 너비가 5km에 이르렀지요. 쿠르스크 지역에서는 아직도 나침반 바늘이 오작동하고 있습니다. 그만큼 엄청난 양의 철광석이 매장되어 있다는 뜻이겠지요.

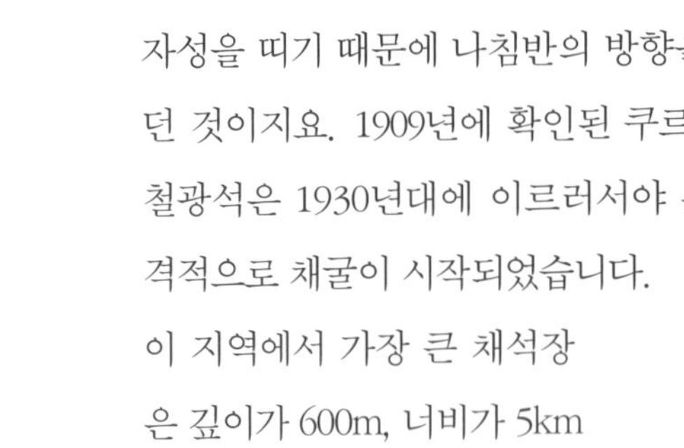

## 광산에서 용광로까지

땅속이나 깊은 산에서 광석이 발견되면 그 광석을 캐거나 파내는 채석 작업을 합니다. 그런 다음 다양한 물질이 섞인 광석 덩어리에서 불순물을 없애는 정제 작업을 하지요. 정제 작업은 주로 광석을 캐낸 곳과 가까운 광산이나 근처 공장에서 이루어집니다. 불순물을 제거한 광석은 아직 완전히 순수한 광물은 아닙니다. 산화물, 아황산염, 탄산염 등으로 구성된 화합물이지요. 따라서 이 화합물에서 특정 물질을 일정한 방법으로 '분리'할 필요가 있습니다.

철광석의 경우에는 석탄을 사용해 다른 물질을 분리할 수 있습니다. 이때 나무로 된 석탄이 아니라 역청탄 같은 석탄을 사용합니다. 먼저 석탄에 있는 불순물을 제거해 코크스, 즉 정제된 석탄으로 만듭니다. 그런 뒤에 잘게 부순 코크스와 철광석을 용광로에 교대로 층층이 붓고 용광로 아래로 뜨거운 열을 공급합니다. 그러면 용광로 속의 석탄이 타오르며 혼합물을 필요한 온도까지 가열시키지요. 이때 탄소 덩어리인 코크스가 산소를 철광석에서 억지로 떼어 내면서 탄소와 산소의 화합물인 이산화 탄소가 만들어집니다. 이 이산화 탄소는 연기와 함께 대기 중으로 날아가고, 철은 녹아서 어떤 형태로든 주조할 수 있게 되지요.

철을 얻는 원리는 히타이트 왕국 시대 이후 크게 바뀌지 않았습니다. 제철 기술이 발전하면서 용광로가 훨씬 더 커지고 작업을 쉼 없이 할 수 있게 되었을 뿐이지요. 컨베이어 벨트를 따

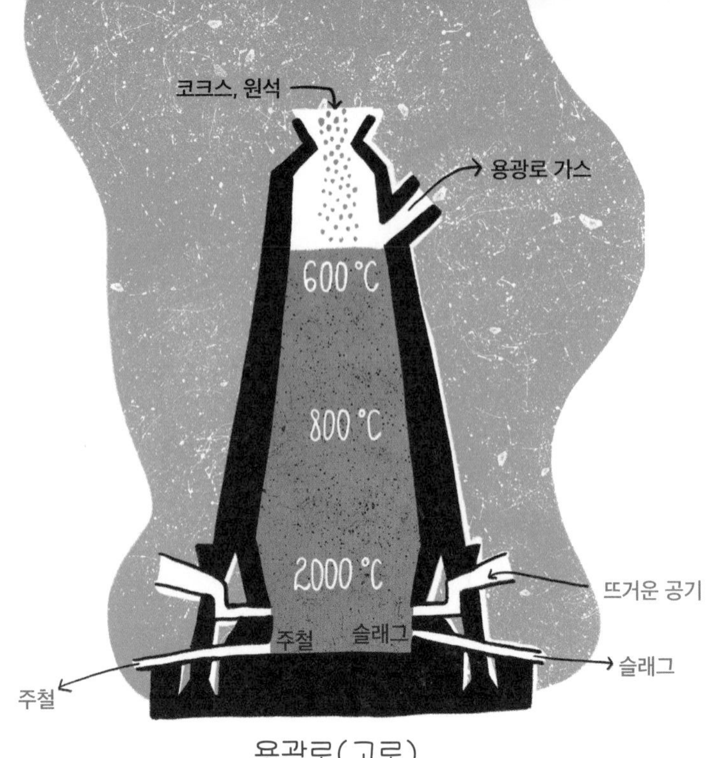




용광로(고로)

라 코크스와 광석이 용광로 위에서 공급되고, 아랫부분에서는 뜨거운 공기가 공급되면 용광로 측면 구멍을 통해 금속이 흘러나오게 됩니다. 여기서 철 제작이 끝난 것은 아닙니다. 광석과 부연료, 연료가 녹아 있는 용융물은 딱딱하게 굳어서 우리가 흔히 '무쇠'라고 부르는 '주철'로 변합니다.

## 새끼 돼지 철

고대의 작업자들은 철을 생산할 때 용광로에 공기가 통할 수 있도록 굴뚝뿐만 아니라 공기, 즉 산소를 공급하는 장치가 필요하다는 것을 알고 있었습니다. 그래서 커다란 용광로 안에 발

로 페달을 밟아 바람(산소)을 공급하는 펌프를 만들어 사용하거나, 물레방아가 도는 힘을 이용해 바람 넣는 기구를 만들기도 했습니다. 그런데 이런 도구들은 산소를 공급하기에는 편리했지만 또 다른 문제가 있었습니다. 공기를 공급해 용광로 안 온도가 높아지면 용광로 바닥으로 흘러나온 금속 용액이 고로 아래 고여 굳곤 했는데, 그 모양이 마치 새끼 돼지가 젖을 먹는 모습과 비슷해서 '새끼 돼지 철(pig iron)'이라는 용어가 만들어졌지요. 그런데 이렇게 응고된 금속은 쓸모가 없었습니다. 망치로 약하게 두들겨도 변형이 일어나지 않아 필요한 형태로 만들 수가 없었고, 강하게 두들기면 유리처럼 산산조각이 나서 가공 작업을 할 수 없었기 때문이지요.





대장장이들이 '새끼 돼지'라고 이름 붙인 이 금속을 오늘날에는 '주철(또는 선철)'이라고도 부르는데, 영어에서 그다지 쓸모없는 금속을 가리켜 '피그 아이론'이라고 부르곤 합니다. 처음에는 이런 주철을 어떻게 처리해야 하는지 아무도 몰랐습니다. 대장장이들은 철을 만들 때 생기는 폐기물이라고 생각해 이 주철을 그냥 버리기만 했지요. 이후 광석에서 필요한 금속을 정제, 합금해 여러 가지 목적에 맞는 금속 재료를 연구하는 야금학자들은 주철이 변형을 가하는 방법보다는 주형, 즉 거푸집에 부어 필요한 형태로 주조하기 쉬운 성질의 금속이라는 것을 알아냈습니다. 그래서 주철로 냄비와 프라이팬 같은 식기구, 대포알, 닻 등을 만들 수 있었지요.



## 철과 다이아몬드의 어우름

주철이 금속의 가장 중요한 성질인 연성(외부 충격에 깨지지 않고 늘어나는 성질)을 갖지 않는 이유는 무엇일까요? 주철은 전기가 흐르긴 하지만 아주 잘 흐르지는 않습니다. 주철은 순수한 금속이 아니라 합금, 즉 철과 탄소의 합금이기 때문이지요.

주철은 탄소 함유량이 3~4.5% 정도인 반면 탄소강은 2.14% 이하로 탄소가 함유되어 있으며, 고탄소강은 탄소 함유량이 0.51~2.0%입니다. 금속은 탄소 함유량이 높을수록 경도가 높아지지만 연성과 충격값(물체가 파괴될 때의 힘)은 감소하는데, 그래서 탄소 함유량이 높은 주철은 단단해도 잘 깨지는 특성 때문에 망치로 두들기거나 프레스로 눌러 필요한 형태로 만드는 단조 작업에 적합하지 않습니다. 만약 용광로 안의 온도가 높아

짐에 따라 탄소가 더 많이 발생하게 되면 합금의 성질이 극적으로 변해서 단조 작업이 조금이라도 가능한 강철은 단조 작업을 할 수 없는 주철로 변하게 되지요. 석탄, 흑연, 심지어 다이아몬드에 들어 있는 탄소의 모든 형태가 부서지기 쉬운 성질을 지녔다는 것을 떠올려 보면, 주철도 연성이 없다는 것을 쉽게 이해할 수 있습니다. 그래서 주철에 탄소가 더해지면 깨지는 성질이 높아질 것이라고 예상할 수 있지요.

따라서 용광로 크기가 커지면 단조 작업이 가능한 '일반적인' 철의 양은 점점 줄어드는 반면 주철의 양은 많아지게 됩니다. 이런 주철을 강철로 사용할 수는 없을까요?



## 베서머 용광로와 마르탱 용광로

과도한 탄소가 주철을 '망치는' 원인이라면 탄소를 제거해야 합니다. 가장 쉬운 방법은 탄소를 연소시켜 이산화 탄소로 만드는 것입니다. 하지만 산소가 다시 철과 결합해 또 산화물을 만들지요. 이를 방지하기 위해 규소나 망가니즈에 함유된 철 화합물을 액체 상태의 주철에 첨가해야 합니다. 이 화합물이 산소를 자기 자신 쪽으로 '끌어당김'으로써 철을 보호하게 되고 그 결과 녹아서 액체 상태가 된 강철은 어떠한 형태로든 주조하기 쉽게 됩니다. 그 이후에는 원하는 틀에 붓기만 하면 되지요.

영국의 발명가이자 공학자인 헨리 베서머는 1856년에 주철로 강철을 만드는 방법을 처음으로 발명했습니다. 베서머는 액체 상태인 주철과 고철의 혼합물에 공기를 주입하는 방식을 제안했는데, 이를 '베서머 기법'이라고 부르며 이 기술을 통해 얻은 강철을 '베서머 강철'이라고 합니다.

그 이후 1864년에 프랑스의 기술자 피에르 에밀 마르탱이 주철에 공기를 주입할 수 있는 용광로를 발명했고 마르탱의 이름을 따서 그 용광로를 '마르탱 용광로'라고 불렀습니다. '평로'라고도 불리는 마르탱 용광로의 작동 원리는 다음과 같습니다. 녹아서 액체 상태인 주철과 고철을 혼합시키는 과정에서 공기를 주입하기 전 먼저 공기를 가열합니다. 즉, 공기를 용광로의 또 다른 공간에서 먼저 가열한 뒤 그 뜨거운 공기를 주철과 고철이 혼합되는 부분에 주입하는 방식을 고안한 것이지요. 이렇게 이미 한 번 가열한(1000~1200℃) 공기를 다시 안으로 주입하면 강철은 녹는점에 더 쉽게 도달합니다.



마르탱 용광로는 20세기 동안 철강을 생산해 내는 주요한 역

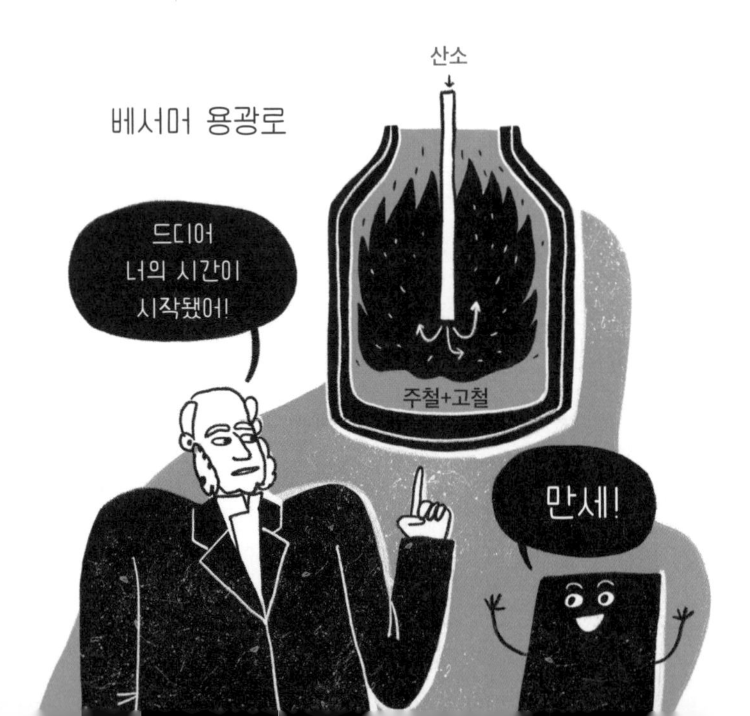

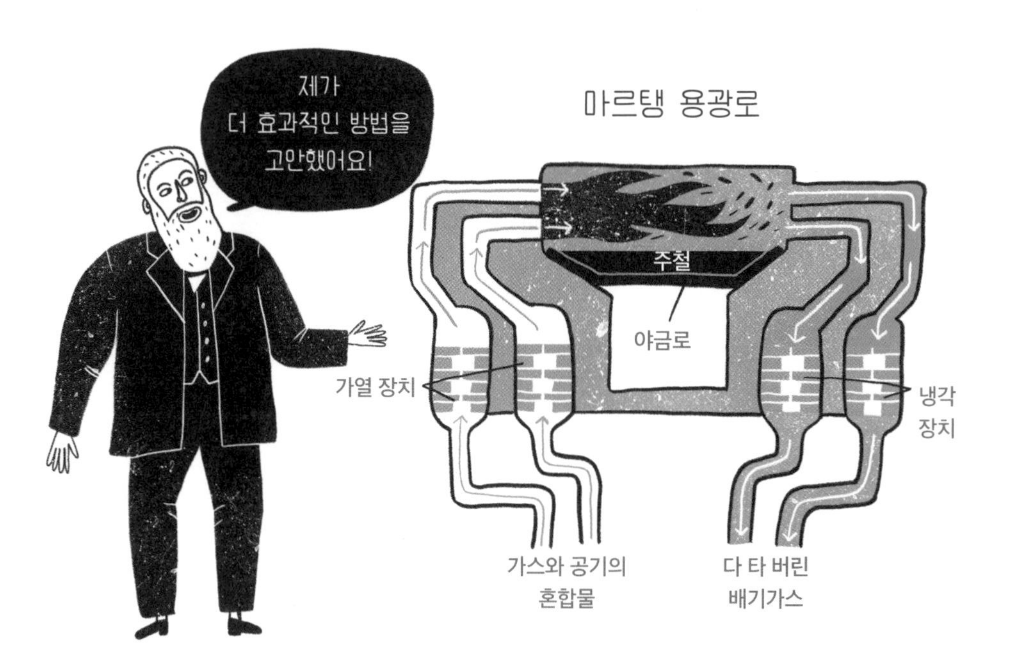




할을 담당했고 일부 지역에서는 여전히 이 방식으로 운용되고 있습니다. 하지만 이와 같은 용광로는 공기가 아닌 순수한 산소를 주입하는 방식을 기반으로 한 훨씬 더 생산적인 기술로 점차 대체되고 있습니다. 그렇지만 기술의 기본 원리는 동일합니다. 즉, 주철의 불필요한 탄소를 태우는 것이지요.

## 금속을 얻는 여러 가지 방법

오늘날에도 주요하게 사용되는 합금인 강철은 앞에서 살펴본 대로 복잡한 과정을 거쳐 얻을 수 있습니다. 다른 금속을 얻는 과정 또한 강철과 마찬가지로 여러 단계를 거칩니다. 첫째로 아연이나 주석 같은 일부 금속은 철과 마찬가지로 코크스를 사용해 광석에서 분리할 수 있습니다. 둘째로 나이오븀 역시 탄소를 사용해 얻을 수 있지만 석탄이 아니라 그을음의 형태로 환원됩니다. 텅스텐이나 몰리브데넘, 오스뮴 같은 금속들은 순수한 수소를 사용해 얻을 수 있습니다. 셋째로 이산화 탄소와는 달리 매우 유독한 일산화 탄소를 이용해 니켈이나 구리, 철을 얻을 수 있습니다. 마그네슘은 규소를 사용해 얻을 수 있고요.

다른 금속을 이용해 불필요한 광석을 없애야만 얻을 수 있는 금속도 있습니다. 마그네슘을 이용해 타이타늄을 얻을 수 있고 나트륨이나 마그네슘을 이용해 알루미늄을 얻을 수 있습니다. 물론 이 방법을 사용하려면 먼저 나트륨이나 마그네슘이 있어야 하겠지요.



## 전기 분해

1886년에는 '전기 분해'를 이용해서 금속을 얻을 수 있는 획기적인 방법을 알아냈습니다. 전기 분해는 용융액에 전기 에너지를 흐르게 하여 물질을 분해하거나 변환을 유도하는 방식을 말하는데, 프랑스의 폴 에루와 미국의 찰스 홀이 전기 분해법을 사용해 보크사이트로부터 알루미늄을 분리해 냈지요. 알루미늄의 주원료가 되는 보크사이트에는 알루미늄 산화물 외에도 모래, 철 산화물 등의 불순물이 존재하는데, 이 불순물을 정제하면 알루미늄 산화물이 남습니다. 고체 상태의 알루미늄 산화물을 액체 상태로 만들면 양이온과 음이온이 이동할 수 있게 되어 전류가 흐르지만, 알루미늄 산화물은 녹는점이 2,045℃나 되

기 때문에 이렇게 높은 열을 가하려면 비용이 많이 들지요. 그래서 빙정석을 녹인 용액을 전해질로 이용하는 것입니다. 그린란드의 서해안에 매장된 빙정석(나트륨, 알루미늄, 플루오린의 화합물)은 녹는점이 1,000℃인데, 빙정석을 녹인 용융물에 보크사이트에서 정제한 알루미늄 산화물을 넣고 강한 전류를 흐르게 하여 전기 분해를 하면 알루미늄 금속을 얻을 수 있습니다.

전기 분해로 알루미늄이나 기타 금속을 얻는 과정을 살펴보면, 광석의 구성물에서 금속 원자들은 '틈이 생긴' 상태로 있습니다. 이 때문에 산소나 황 혹은 다른 원자들이 금속과 결합한 상태로 하나 이상의 전자들을 가져옵니다. 전자를 끌어당긴다는 것은 금속 원자들이 양전하를 띤다는 것을 의미합니다(이처럼 전자를 잃거나 얻어서 +나 - 전하를 띠는 것을 이온 상태라고 합니다). 이때 용융물에 있는 두 전극 중 하나는 양극(+)이고 다른 하나는 음극(-)으로 양전하는 음전하를 끌어당기기 때문에 용융물 안에서 금속 이온은 전자를 받아 일반 원자로 바뀌게 되고 순수한 금속 덩어리로 환원되는 것입니다.

## 해로운 불순물

광석에서 얻은 금속으로 필요한 물품을 만들기 위해서는 먼저 금속의 불순물을 깨끗이 제거해야 합니다. 미세한 불순물이 섞이면 금속의 특징이 크게 바뀔 수 있기 때문이지요. 철에 탄소가 2%만 추가되어도 깨지기 쉬운 주철로 변한다는 사실을 앞에서 이미 배웠습니다. 이뿐만 아니라 일부 불순물은 주성분의 천분의 일이나 백만 분의 일 정도 양만으로도 금속의 성질을 바꿀 수 있습니다. 예를 들어 우리는 철이 녹슨다는 사실을 알고 있습니다. 철 자체에 녹스는 성질이 있는 것은 아닙니다. 만약 정말로 순수한 철이 있다면 녹슬지 않고 수년 동안 그 철을 사용할 수 있지요. 철을 녹슬게 만드는 것은 아주 작은 불순물 때문입니다.

## 1600년 동안 녹슬지 않는 철 기둥

인도의 델리 지역에는 415년에 만들어진 오래된 철 기둥이 하나 있습니다. 만들어진 지 1600년이 넘은 이 철 기둥은 야외에 세워져 있는데도 거의 녹슬지 않은 상태로 있지요. 사람들은 이 철 기둥이 그토록 오랜 세월 동안 거의 녹슬지 않은 이유가 순도 높은 철로 만들어졌기 때문이라고 생각했습니다. 어떤 사람들은 고대 인도에 살았던 장인들의 기적이라고 말하기도 했지요. 하지만 조사 결과 이 기둥은 철 함량이 높지 않은 것으로 밝혀졌습니다. 대신 인 성분이 많이 포함되어 있었는데, 인 성분이 철과 공기 중의 습기, 산소와 반응해 만들어진 인산수소칼슘이라는 화합물이 철 기둥 표면에 보호막을 만들어서 철 기둥의 부식을 막을 수 있었던 것입니다.

## 금속 불순물 제거

불순물을 정제한 스칸듐, 이트륨, 및 기타 희토류 금속은 부식되지 않습니다. 그런데 희토류 금속은 수십만 개의 원자 가운데 관련 없는 원소들의 원자가 하나만 남을 정도로 정제해야 합니다. 그래야만 희토류 금속의 가소성(외부에서 힘을 받아 형태가 바뀐 뒤 그 힘이 없어져도 본래 모양으로 돌아가지 않는 성질)이 훨씬 더 좋아지며, 고품질 장비를 만들 수 있는 새로운 속성이 생기게 됩니다.

산소 불순물이 10만 분의 1% 양만 있어도 연성에 악영향을 미친다는 것이 밝혀질 때까지 몰리브데넘은 오랫동안 연성이 없는 금속으로 알려졌습니다. 그래서 몰리브데넘은 '모든 금속은 연성을 가졌다'라는 규칙에서 예외로 여겨졌지요. 하지만 제대로 된 방법으로 몰리브데넘을 정제할 수 있게 되자 몰리브데넘에도 그 규칙이 적용되었습니다.

고순도의 바나듐을 기반으로 한 합금은 철, 코발트, 니켈, 타이타늄, 나이오븀을 기반으로 한 합금보다 내구성이 뛰어납니다. 불순물로 오염된 바나듐은 쉽게 부서져서 제대로 정제하기 전까지 바나듐은 쓸모없는 금속으로 간주되었습니다. 타이타늄도 마찬가지였습니다. 타이타늄 역시 제대로 된 방법으로 정제하면 강철보다 튼튼한 동시에 두 배나 가벼운 물질이 되었지요.

하프늄은 지르코늄 광석에 1~3% 비율로 함유되어 있는 금속인데, 지르코늄에서 하프늄을 정제하는 일은 매우 중요합니다. 지르코늄은 중성자를 흡수하지 않는 금속이기 때문에 원자로 내의 핵 연료봉(우라늄 봉)의 피복재로 사용됩니다. 그런데 중성자 흡수율이 높은 하프늄이 아주 약간이라도 섞여 있으면 지르코늄의 중성자 투과율이 떨어져서 핵 연료봉으로 쓰는 데 문제가 생깁니다. 자연 상태에서 지르코늄 광석에 포함되어 발견되는 하프늄은 지르코늄과 화학적 성질이 아주 유사해서 분리하기가 매우 어렵다는 문제도 있습니다.



## 초전도체

불순물을 제거하는 것이 금속의 화학적, 물리적 특성을 어떻게 극적으로 변화시키는지에 대한 예시는 많습니다. 순수한 금속은 불순물이 섞인 금속보다 전기를 훨씬 더 잘 전도합니다.

마그네슘과 붕소의 화합물(이붕화 마그네슘)은 전기 저항이 없는 초전도체로 밝혀졌지만 정제가 잘되지 않아 전류에 대한 저항이 매우 큽니다. 순수한 금속에서 모든 원자는 크기가 같고 전자는 원자 사이 공간에서 자유롭게 움직입니다. 도중에 원자가 많아지거나 적어지면 전자는 원자와 충돌하게 되고 움직이는 속도가 느려지게 되는데, 이것이 전기 저항입니다.

냉장고와 커피포트에 전류를 흐르게 하는 일반적인 가정용 전선의 경우에는 전기 저항을 줄이는 일이 크게 중요하지 않을 수 있습니다. 그러나 정밀한 전자 장치에서는 전기 저항을 줄이는 문제가 무척이나 중요합니다. 전기 저항이 있는 전선이 가열되면 전자 장치에 손상을 입을 수 있기 때문이지요.

## 여러 가지 정제 방법

불순물을 없애 순수한 금속으로 만드는 정제 작업은 무척 중요합니다. 그러면 불순물을 어떻게 잘 제거할 수 있을까요? 지표면에서 발견되는 금속 대부분은 불순물이 섞여 있습니다. 철이나 구리 혹은 기타 광석에는 다양한 금속 및 비금속 불순물이 포함되어 있지요.



금속 안에 섞여 있는 불순물을 분리할 수 있는 방법은 많습니다. 앞서 몇 가지 방법은 이미 알아보았지요. 가령 수은을 이용해 금을 정제하는 방법과 산소를 불어 넣어 주철에서 과잉 탄소를 정제하는 방법을 살펴보았습니다. 그러나 화학적 방법을 이용하는 경우 공업용으로 사용 가능한 정도의 순수한 금속만을 만들 수 있기 때문에, 실질적으로는 금속에 여전히 많은 불순물이 있다고 볼 수 있습니다. 특별한 성질을 띠거나 순도가 아주 높은 물질이 필요한 경우에는 다른 방법을 사용해야 합니다.

## 존 멜팅 기법

금속의 순도를 높이는 여러 정제법 가운데 하나로 존 멜팅 기법이 있습니다. 이 방법으로 정제하려면 먼저 불순물이 섞인 기다란 금속 덩어리 막대를 폭이 좁은 고리 모양의 가열 용기에 집어넣습니다(이때 가열 용기는 높은 열에도 잘 견디는 내화 금속으로 만들어져야 합니다). 그런 다음 고리 모양 용기에 열을 가한 뒤 불순물을 제거하고자 하는 금속 막대의 한쪽 끝에서 다른 쪽 끝으로 서서히 움직입니다. 이 과정을 몇 번 반복하면 불순물이 섞인 금속 막대 덩어리가 열에 의해 서서히 녹게 됩니다. 실제 작업 현장에서는 금속 덩어리 막대의 녹는 속도를 높이기 위해 고리 모양 용기에 열을 가하는 부분이 여러 군데 있지요.



이다음에는 무슨 일이 일어나게 될까요? 일반적으로 금속에 포함된 불순물 대부분은 고체보다도 액체 상태의 금속에 잘 녹아 섞입니다. 그래서 열이 가해지는 부분에서 반액체 상태가

된 불순물은 완전히 녹아 버린 액체 상태의 금속 쪽으로 흐르게 되지요. 즉, 불순물은 이미 굳어 버린 금속에 붙지 않고 액체 상태의 금속 쪽에 응축되어 녹습니다.

그렇게 되면 고리 모양 용기에서 열이 가해지지 않은 부분에는 순수한 금속이 남게 되고, 흘러서 한쪽으로 고인 액체 상태의 금속 쪽에는 녹은 불순물의 비율이 계속해서 증가하게 됩니다. 결국 금속 덩어리 막대 끝부분에는 불순물이 고여 가득 차는데, 이 끝부분을 절단하면 불순물이 섞여 있던 기다란 금속 덩어리 막대는 순도 높은 금속만 남게 되는 것이지요.

## 증류 방식

존 멜팅 기법으로 금속을 제대로 정제할 수 없다면 '증류'라는 방법을 이용할 수도 있습니다. 금속은 가열하면 액체 상태로 녹기도 하고 증발해서 기체로 변할 수 있습니다. 그 기체를 냉각하면 차가운 표면에 맺히게 되는데, 이때 불순물은 액체 형태로 남거나 완전히 증발해서 결과적으로 매우 순수한 금속을 얻을 수 있게 됩니다. 하지만 금속을 기체로 증발시킬 수 있는 높은 온도까지 가열하려면 비용이 아주 많이 듭니다. 그뿐만 아니라 금속의 불순물을 없애는 정제 작업을 하려면 증발시키고 응축시키는 과정을 여러 번 거쳐야 하지요.



그래서 이런 증류 방법으로 얻은 고순도 금속은 정밀 기기나 원자력 발전, 원자력 잠수함(순수한 이트륨과 란타넘으로 만든 합금은 방사능을 잘 막아 줍니다), 그리고 우주 산업 등 아주 특별한 분야에서 사용됩니다.

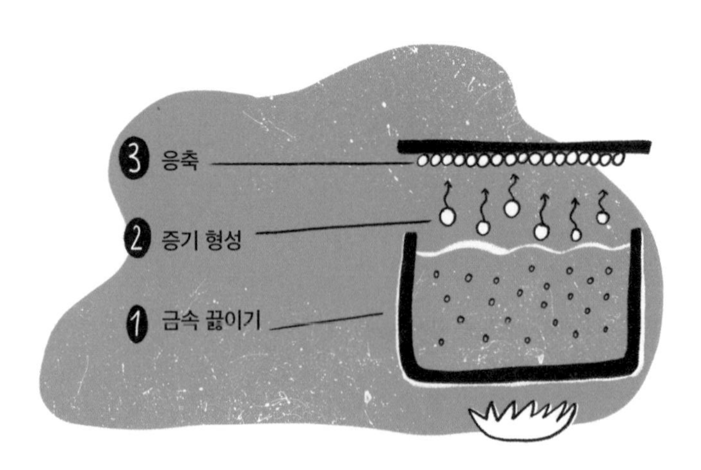

## 바나듐 양식

생물학적으로 금속을 정제할 수도 있는데 이 기술은 비교적 최근에 개발되었습니다. 생명체는 생명을 유지하기 위해 여러 가지 금속을 아주 조금씩 필요로 하는데 몇몇 유기체는 특정 금속을 아주 많이 좋아합니다. 우렁쉥이나 미더덕 같은 해초강은 해저 밑바닥에 붙어서 사는 해양 생물로, 바닷물을 빨아들여 걸러 내는 과정에서 작은 플랑크톤 등을 섭취합니다. 그런데 해초강 동물은 어떤 이유에선지 (아마도 먹히지 않도록 자신을 보호하기 위해) 몸에 바나듐을 축적합니다. 해초강의 혈액에는 바나듐의 비율이 8%에 달할 정도지요. 바나듐은 사람 몸속에서 신진대사를 원활하게 하고 당뇨병을 개선하는 효과가 있는데, 일본의 일부 지방에서는 전통적으로 이 해초강을 양식해 먹었다고 합니다. 이런 방법으로 해초강을 얻으면 광석에서 직접 바나듐 금속을 얻는 것보다 비용이 훨씬 저렴하겠지요.

## 세균 침출 방식

세균을 이용해 금속을 정제하고 추출하는 방법도 있습니다. 어떤 세균은 금속이나 금속 화합물을 먹는데, 더 정확히 말하자면 세균이 금속으로부터 에너지를 뽑아내는 것이지요. 중요한 것은 세균이 에너지를 얻는 과정에서 세균이 좋아하는 금속 주변에 배설물이 쌓인다는 점입니다. 이 배설물은 우리에게 무엇을 제공할 수 있을까요?

다른 금속에 섞인 철 매장지에 세균이 생겼다고 가정해 봅시다. 전통적인 방식으로 철을 제련하게 되면 불순물이 섞인 강철을 얻을 수 있습니다. 하지만 세균은 오로지 철만 골라내며 그 결과 세균 주변으로 철 화합물이 쌓이게 되고 금속 불순물은 광석에 남게 됩니다. 이처럼 세균은 말 그대로 다른 금속에서 한 종류의 금속만 떼어 냄으로써 금속을 원자별로 분류하는 아주 중요하고 섬세한 역할을 하는 셈이지요. 이런 방식으로 금속을 얻는 방법을 세균 침출이라고 합니다. 구리나 아연을 생산할 때 이 방법을 주로 사용하며, 주석과 니켈, 우라늄, 금 등 기타 귀중한 금속을 재료로 얻고자 할 때에도 세균 침출 방법을 사용할 수 있습니다.

매장된 금속의 양이 많지 않은 곳에서 세균 침출 방식이 특히 유용합니다. 매장지의 금속 함량이 아주 낮으면 전통적인 방식으로 금속을 분리, 추출해 정제하기가 어렵기 때문이지요. 하지만 작은 세균 도우미들을 이용하면 상업적으로 사용할 수 있을 정도로 농도 높은 금속을 얻을 수 있습니다.

금속이 매장된 곳에서 세균을 이용하는 또 다른 이유가 있습니다. 혼합 광석이 가득 묻힌 매장지에서 금속을 화학적으로 일일이 분리하면 비용이 무척 많이 듭니다. 반면 세균을 이용하면 저렴한 비용으로 유용한 귀금속들을 분리할 수 있지요.

뭐라고요?
우리 집 주방에서
증류가 가능하다고요?

## 실험 4 금속을 어떻게 증류할까?

일반 가정에서 금속을 끓여 증류하기란 무척 어려운 일이다. 하지만 실험을 통해 금속 증류 방식을 유사하게 재현해 볼 수 있다.

### 실험 목표

**증류 방법을 이용하여 얼음 정제하기**

### 준비물

- 물
- 소금, 수채화 물감
- 얼음 틀
- 플라스크, 냄비(플라스크가 없다면 냄비 두 개로 사용할 수 있음)
- 가스레인지 혹은 인덕션
- 컵



### 주의 사항

불을 다룰 때 화재에 주의할 것

### 우리가 할 것

1. 소금, 수채화 물감 혹은 이와 같은 기타 '오염 물질'을 물에 녹인다.
2. 오염된 물을 얼음 틀에 붓고 냉동실에 넣어 얼린다.
3. 오염된 각 얼음을 냄비 안에 넣고 가스레인지 불 위에 올린다.
4. 플라스크나 다른 냄비에 차가운 물을 붓는다(물을 가능한 차갑게 만들기 위해 얼음 조각을 이용할 수도 있다). 수증기가 발생하는 냄비 위에다가 플라스크를 가져다 댄다.

5. 플라스크 바닥 표면에 물방울이 맺히면 그 물방울을 컵에 털어 낸다.
6. 냄비에 있던 물이 더 이상 남지 않으면 컵에는 응축으로 얻은 물로 채워진다. 그 물을 깨끗하게 씻은 얼음 틀에 붓고 다시 얼린다.

## 결과

얼음 틀 안에서 완전히 깨끗한 얼음을 얻을 수 있다. 냄비 바닥에 남아 있을 소금, 수채화 물감과 같은 기타 오염 물질이 포함되지 않은 얼음이다. 이렇게 새로 얻은 순수한 얼음은 처음 얼음의 양에 비해 훨씬 적다. 왜냐하면 증기 중 일부가 공기 중으로 흩어져 증발했기 때문이다. 하지만 산업 시설에서는 폐쇄된 증류탑 안에서 금속을 증류하기 때문에 증류 과정에서 손실을 염려할 필요가 없다.

## 결론



**증류 방법으로 고체 또는 액체 물질을 정제하려면 물질이 끓을 때까지 가열해서 차가운 물체에 응축된 물질을 모아야 한다. 그렇게 모은 물질은 순도가 아주 높다.**

## 변하지 않은 화학의 기본 원리

금속을 얻기 위한 '화학의 기본 원리'는 고대부터 변하지 않았습니다. 철, 구리, 알루미늄과 기타 금속 안에 있는 원자에서 원하는 쪽으로 서로 자유롭게 전자를 주고받을 수 있도록 하는 것이지요. 즉, 비금속으로 이루어진 화합물에서 환원 반응을 통해 금속을 추출할 수 있습니다. 물론 환원 기술은 과거에 비해 크게 바뀌었지요.

과거의 용광로는 화덕과 유사했습니다. 현대식 용광로는 훨씬 더 효율적이고 친환경적이며 생산적이지요. 베서머 용광로와 마르탱 용광로는 현재 거의 사용되고 있지 않습니다. 최근에는 순수한 산소를 주입하는 '가스 주입법'을 적용하고 있으며, 주철과 고철을 전기로 녹여 정제하기도 합니다. 이때 앞서 살펴본 내용대로 강철의 경도와 연성 및 기타 특성은 탄소 함유량에 따라 달라지지요.

최초로 철제 무기를 사용한 히타이트인은 오늘날 전기 분해와 세균, 식물, 바다 생물의 도움으로 금속을 얻는 일을 상상조차 하지 못했을 것입니다. 하지만 거들먹거릴 필요는 없습니다. 우리는 그저 무에서 유를 발명한 고대인들의 기술을 꾸준히 개선해 왔을 뿐이니까요.

금속 없이 도대체
어떻게 살아갈 수
있나요……?

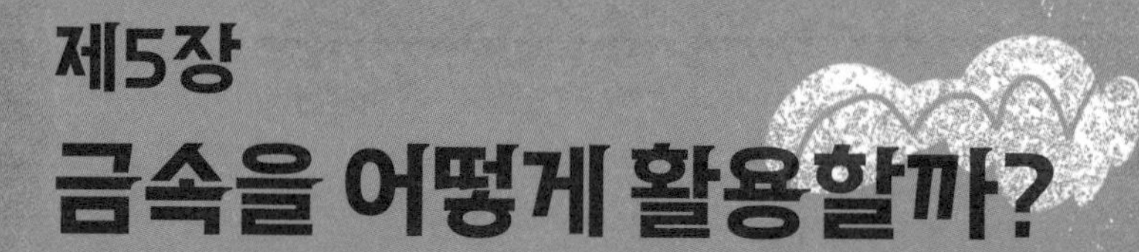

## 제5장

# 금속을 어떻게 활용할까?

금속이 없는 삶을 상상해 본 적 있나요? 금속이 없으면 자동차나 비행기, 기차도 만들 수 없습니다. 철근 콘크리트를 기반으로 하는 현대식 건물을 지을 때도 금속은 반드시 필요합니다. 우리가 일상생활에서 매일 접하는 수많은 주방 용품과 가정 용품 역시 대부분 금속으로 만들어졌지요. 자, 그럼 실험으로 직접 확인해 봅시다.

제가 보여 드리지요.
이쪽으로 오시죠!

## 전기와 자기 유도

집에서 흔히 볼 수 있는 냄비나 숟가락, 옷걸이가 어떤 금속이나 합금으로 만들어졌는지 정확히 알 수는 없지만, 우리는 이런 물건들에 '자기력'을 띠는 금속 성분이 있는지는 확인할 수 있습니다. 식기나 조리 도구가 철로 만들어졌는지, 구리나 알루미늄으로 만들어졌는지도 대략 구별할 수 있지요.

만약 여러분 집에 인덕션이 있다면 중요한 실험을 해 볼 수 있습니다. 요즘 많이 쓰는 인덕션은 자기력을 갖는 철 제품이나 철의 '친구들'하고만 작동합니다. 인덕션은 자체에서 열을 가하는 방식이 아니라 자기장을 만들어서 그 자기장으로 유도 전류(전자가 유도에 의해 회로에서 생기는 전류)를 발생시킨 뒤 전기 유도 물질이 함유된 용기와 반응해 열을 만들어 내지요.

## 실험 5 자기력을 어떻게 확인할까?

### 실험 목표

**인덕션 위에서 사용할 수 있는 식기구 알아보기**

### 준비물

- 자석
- 식기구

### 우리가 할 것

프라이팬, 냄비, 구리 주전자 혹은 기타 식기구의 밑면 혹은 바닥 옆면에 자석을 붙여 보고 그 결과를 아래 표에 작성해 보자.



| 식기구 | 자석이 붙는가? |
|---|---|
| 주철 프라이팬 | 네 |
| 코팅(테플론) 프라이팬 | |
| 에나멜 냄비 | |
| 구리 주전자 | |
| 알루미늄 포일 | |
| | |
| | |

냄비나 팬 바닥에도 자석을 붙여 본다. 식기구 자체가 자기력이 없는 금속으로 만들어졌다 하더라도, 인덕션 위에서 작동할 수 있게끔 바닥에 강철판을 넣었을 수도 있다.

## 주의 사항

에나멜을 칠한 식기구는 자기력이 약해서 바닥에 자석이 붙지 않을 수 있다. 그렇지만 인덕션에서는 작동하는 것을 확인할 수 있다. 칠이 된 에나멜 층 안에 철이 '숨겨져' 있기 때문이다.

## 결론

바닥에 자석이 잘 붙는 제품은 모두 인덕션에서 사용할 수 있다.

## 전도체들의 순위 싸움

자동차, 기차 같은 이동 수단이나 집을 금속 없이 만드는 것은 어렵지만 가능하긴 합니다. 하지만 전기 공학만큼은 금속이 없으면 안 됩니다. 전선과 전선을 연결하는 장치는 전기가 잘 통하는 금속으로 만들어야 하기 때문이지요. 전기 전도율이 가장 높은 금속은 1위가 은, 2위가 구리, 3위가 금, 4위가 알루미늄입니다. 3위와 4위 사이 전기 전도율의 차이는 상당히 큽니다. 그 밖에 다른 금속은 전도율이 눈에 띄게 낮습니다. 예를 들어 철은 은보다 여섯 배, 알루미늄보다는 네 배나 전기 전도율이 낮지요.

## 은으로 전선을 만들 수 없는 이유

전선을 만들 때 전기 전도율이 높은 은으로 만들면 가장 좋을 텐데 왜 그렇게 하지 않을까요? 은의 매장량을 고려하면 은으로 전선을 만드는 것은 적합하지 않습니다. 아직 채굴되지 않은 전 세계 은 매장량은 50~60여 톤으로 추산됩니다. 이 정도 은의 양이면 예를 들어 5mm짜리 전선을 60만km 정도밖에 만들지 못합니다. 러시아 전체 철도 길이만 4만km 이상인데, 한 선로에 두 개의 전차선이 깔리고 전차의 양방향을 생각하면 최소한 16만km의 전선이 필요합니다. 세상의 모든 은을 전선 만드는 데 사용한다고 하더라도 은이 충분하지 않다는 것을 알 수 있지요. 이런 이유로 은으로 만든 전선은 초소형 전자 공학에서만 주로 사용됩니다.

은에 비해 전기 전도율이 크게 떨어지지 않는 구리는 매장량이 상당히 많습니다. 알루미늄으로도 전선을 만들 수 있지만 은이나 구리에 비해 전도율이 떨어집니다. 하지만 알루미늄은 아주 저렴해서 알루미늄으로 전선을 만들 때는 전기 저항을 줄이기 위해 두껍게 만들지요. 왜냐하면 전선이 두꺼울수록 전기 저항이 작아지기 때문입니다.

## 금으로 만든 부품

아주 비싸고 또 가장 좋은 전도체는 아니지만, 금도 전자 제품에 종종 사용됩니다. 금은 다른 금속과 강하게 접착되기 때문에 복잡한 장치에서 주로 땜질용으로 사용하는데, 금으로 땜질하면 접합점이 끊어지는 것을 걱정할 필요가 없습니다. 그뿐만 아니라 금은 외부 충격에 잘 깨지지 않고 잘 늘어나는 유연한 금속이기 때문에, 끊어지지 않고 얇은 전선을 만드는 데에도 사용할 수 있습니다. 그래서 세밀한 부품이 필요할 때도 다른 금속보다는 금을 쓰지요.

또한 금은 열을 잘 전도하는 금속입니다(물론 구리와 은의 열전도율이 더 높긴 합니다). 장치가 작동하면 열이 발생하기 때문에 금속의 열전도율은 무척 중요한데, 이때 금속에서 열이 잘 발산되어야 장치 부분이 녹지 않겠지요. 따라서 접합점 부분에 금을 얇게 입히는 도금 작업을 하면 접합점 부분이 부식되지 않고 안정적으로 보호할 수 있습니다.

## 전기를 발생시키는 금속

금속은 전기를 전도할 뿐만 아니라 전기를 만드는 데에도 쓰입니다. 금속이 특정 조건에서 상호 작용하면 전기가 발생한다는 사실을 처음 발견한 사람은 이탈리아의 의학자이자 생리학자인 루이지 갈바니입니다. 갈바니는 종류가 다른 금속으로 만든 칼이 개구리의 근육에 닿자 해부한 개구리의 근육에 경련이 일어나는 것을 관찰해 전기가 화학과 관련이 있다는 사실을 최초로 입증했지요. 전기 화학 발전에 크게 기여한 공로로 종류가 서로 다른 금속과 전해질 용액의 조성에 의한 배터리를 '갈바니 전지'라고 부릅니다. 이후 갈바니의 절친한 동료였던 알레산드로 볼타가 갈바니의 이론을 수정해 전기가 발생하는 현상을 설명했고 세계 최초로 전지를 만들어 냈지요. 전압을 측정하는 단위인 '볼트(V)'는 볼타의 이름에서 따왔습니다.

나폴레옹 보나파르트에게 자신의 발명품을 보여 주는 알레산드로 볼타

볼타는 아주 간단한 방법을 이용해서 전류를 얻을 수 있었습니다. 구리와 아연판 사이에 산으로 적신 헝겊을 끼운 다음 판에 철선을 연결하면 전류가 흐릅니다. 하지만 구리와 아연으로 된 판 하나로는 전류가 약했습니다. 그래서 한 기둥 안에 여러 개의 단일 원소(구리-산-아연)를 수십 개 쌓아 강력한 전류를 얻었지요. 이것을 '볼타 전지'라고 부릅니다. 이 전지는 금속 기둥의 높이가 고작 0.5미터라도 전류가 민감하게 흐릅니다. 20m 높이 금속 기둥에서는 전압이 무려 2500볼트나 되지요. 노면 전차의 전압이 600볼트인 것과 비교하면 볼타 전지의 전압이 상당히 크다는 것을 알 수 있습니다.



## 이온화 경향을 이용한 금속 전지

모든 금속은 자신의 전자를 스스로 전달합니다. 그러나 '전달하고자 하는 정도'는 금속마다 다릅니다. 아연은 전자를 아주 쉽게 전달하지만, 구리의 경우 전자를 전달하지 않고 자신이 쥐고 있으려 하거나 더 약한 다른 금속으로부터 전자를 가져오려고 하지요.

이러한 이유로 구리는 아연과 접촉할 때 전자를 자기 쪽으로 끌어당깁니다. 일반적인 조건에서는 이와 같은 '당김'이 빠르게 멈출 뿐만 아니라 전류도 발생하지 않습니다. 그러나 산이 추가되면 모든 것이 바뀝니다. 산은 아연을 녹여서 양전하를 띠는 아연 이온으로 바꾸어 놓습니다. 이때 아연이 내놓은 전자가 도선을 따라 구리로 이동하고, 구리는 그 전자를 용액

속의 수소 이온에 제공해서 구리판 주변에 수소 기체가 만들어지지요.

오늘날에는 금속의 이온화 경향을 이용해 여러 금속 전지를 만들고 있습니다. 예를 들면 납-아연, 망가니즈-주석, 수은-카드뮴, 리튬-아이오딘, 리튬-이온, 철-니켈과 같은 금속 전지가 있지요. 이런 전지들은 금속이나 비금속을 이용해 다른 금속에 있는 전자를 '가져오는' 원리에 기반합니다.

에너지는 새로 생겨나거나 사라지지 않고 한 형태에서 다른 형태로 변환될 뿐입니다. 이런 원리를 바탕으로 금속 전지 또한 화학 반응을 통해 전기 에너지를 공급하지요.

## 실험 6 써모 커플 장치로 전기를 어떻게 만들까?

써모 커플은 두 가지 금속을 고리 모양으로 붙여 양 접합점 사이 온도 차이로 전기를 일으키는 장치를 말하며, '열전대'라고도 한다. 즉, 강도가 다른 두 금속이 서로 에너지를 전달해 전류를 생성하는 것이다. 그런데 이때 열에너지만 전달하게 될까? 실험으로 확인해 보자.



### 실험 목표

**종류가 다른 금속 한 쌍을 가열할 때 전류가 발생하는지 확인하기**

### 준비물

- 알루미늄 선
- 구리 선
- 펜치
- 망치
- 손을 보호하는 두꺼운 주방 장갑
- 양초 혹은 가스레인지
- 나침반

## 실험 준비

1. 구리 선과 알루미늄 선을 잘 닦은 뒤, 각각 U 자 모양으로 구부린 다음 선의 끝을 비틀어 묶어 연결한다. 두 선이 더욱 강력하게 이어지도록 묶은 부분을 망치로 더 눌러 준다.
2. 묶인 두 매듭이 가능한 멀리 떨어져 마주 볼 수 있도록 선을 타원형으로 구부린다.
3. 묶인 두 매듭 중 한 매듭을 아직 불이 켜지지 않은 가열 장치에 닿도록 한다. 두 번째 매듭은 가열 장치로부터 가능한 멀리 떨어지게 한다.
4. 가열 장치에 닿지 않는 매듭 옆에 나침반을 놓고 나침반 바늘의 위치를 확인한다. 만약 나침반 바늘이 움직이면, 나침반 위치를 조금씩 움직이며 바늘이 움직이지 않는 지점을 찾는다.



## 우리가 할 것

1. 가열 장치에 불을 붙이고 나침반 바늘 움직임을 관찰한다. 만약 나침반 바늘이 움직이지 않는다면, 불이 닿지 않는 선의 매듭 부분을 나침반 근처에서 이리저리 움직여 본다. 정확한 측정을 위해 금속 선의 열이 식으면 나침반 근처에서 선을 다시 여러 번 움직인다.
2. 금속 선에 더 강한 열을 가해 본다. 나침반 바늘이 얼마나 많이 움직이는지 관찰한다.

## 주의!

금속 선이 매우 뜨거우니 주방 장갑을 끼고 펜치나 집게로 선을 잡는다. 위험한 불을 다루는 실험이므로 반드시 보호 장구를 착용하고 안전하게 진행한다.

### 결과

알루미늄 선과 구리 선의 접합점이 가열되면 금속 선 옆에 있는 나침반 바늘이 움직인다.

### 결론

**구리와 알루미늄의 접합점을 가열하면 온도 차에 의해 전류가 발생한다. 금속 선 주위로 전류가 흐르면 자기장이 발생하는데, 이 자기장이 나침반 바늘을 움직이게 하는 것이다. 열이 강해질수록 전류도 강해지고 나침반 바늘은 더 크게 움직인다.**

## 써모 커플의 용도

실험 6에서처럼 서로 다른 두 개의 금속 또는 합금의 접촉판을 가열해 전기를 만들어 내는 장치를 '써모 커플'이라고 합니다. 써모 커플은 전류 공급원으로 쓸 수 있지만, 써모 커플과 같은 열 발생기는 아주 일부의 열에너지만 전기 에너지로 변환되기 때문에 효율이 너무 낮아 실생활에서는 거의 사용되지 않습니다.

하지만 열을 이용해 전류를 만드는 원리는 우주선에 주로 사용됩니다. 예를 들어 방사성 붕괴열을 이용하는 열전기 발전기는 태양계 밖으로 이미 날아가 버렸거나 아니면 날아가려고 하는 '뉴허라이즌스호' 혹은 '보이저호'에서 사용됩니다. 이런 발

전기는 회전하는 부품이나 터질 만한 튜브, 깨질 수 있는 밸브가 없기 때문에 고장이 잘 나지 않아 규정된 기능을 적절하게 수행하는 '신뢰도'가 높은 것이 큰 장점입니다. 우주선의 방사성 연료는 끊임없이 열을 방출하기 때문에 어떤 일이 벌어지든간에 전기를 생성할 수 있지요. 1977년에 발사된 보이저호는 이러한 원리를 통해 방사성 연료의 잔여물로 만들어진 전류를 사용해 오늘날까지도 지구에 신호를 보내고 있습니다.

써모 커플의 두 번째 사용 분야는 야금학자들을 위한 온도계입니다. 일반적인 온도계는 마르탱 용광로와 같은 평로에 들어가는 즉시 녹아서 사용할 수 없기 때문에 이런 경우에는 고온에 잘 견디는 내열성 계량봉 안에 써모 커플을 사용하지요. 써모 커플 실험으로 확인했듯 전류의 세기는 온도에 직접적으로 의존합니다. 즉, 온도의 눈금만 정확하게 표시할 수 있다면 고정밀 온도계가 만들어지는 것이지요.



## 자석을 이용한 전기 생성

전기를 얻을 수 있는 또 다른 방법이 있습니다. 이 방법은 전기 발전소에서 사용됩니다. 전선을 여러 번 감아서 만든 코일이 자석에 둘러싸이면 회전을 하기 시작하는데, 그러면 자기장이 전선 내부의 전자를 움직이게 하고 그 결과 코일을 통해 전류가 흐르게 됩니다. 자석 자체는 추가 에너지원이 필요하지 않게끔 영구적이어야 합니다. 외부에서 강한 자기장을 가해 자기화가 된 뒤 자기를 영구히 보존하는 '영구 자석'은 일반적으

희토류 원소 중에서도 자석의 성질을 띠는 금속이 있지만, 자기력은 철, 코발트, 니켈보다 훨씬 약하다.

로 철, 니켈, 코발트 이 세 가지 금속이나, 이 세 가지 금속이 포함된 합금으로 만들어집니다. 네오디뮴 자석 역시 철을 포함하는데, 네오디뮴 자석은 가장 널리 사용되는 희토류 자석으로 지구에서 사용되는 자석 가운데 가장 강한 자기력을 띠고 있습니다. 만약 이 금속 삼총사와 같은 자석이 없었다면 컴퓨터나 진공청소기, 냉장고 등을 사용할 수 없었을 것이고 밤에는 촛불만 켜고 생활했을지도 모릅니다.

## 자석의 작용

자석이란 과연 무엇이며, 앞에서 언급한 철, 니켈, 코발트 이 세 가지 금속이 영구 자석의 성질을 갖는 이유는 무엇일까요? 자기장은 전하를 띠고 있는 전자, 이온, 양성자와 같은 하전 입자를 통해 생성되는데 이때 하나 또는 그 이상의 전자가 원자 주위를 항상 돌고 있습니다. 모든 원자는 일종의 자석입니다. 그러나 대부분의 물질에서 원자의 자기장은 서로 다른 방향으로 향하고, 그에 따라 자기장을 서로 약화시킵니다. 따라서 원자 하나하나는 개별적으로 자석이라고 할 수 있지만 집합적으로는 자석이 아닙니다.

반면 철, 니켈, 코발트 원자는 각각의 자기장 방향이 일치하도록 질서 정연하게 정렬할 수 있습니다. 금속 덩어리가 자기력을 갖게 되면, 즉 금속 덩어리가 강한 자기장에 놓이게 되면 이런 질서 정연함이 발생하게 됩니다. 엄밀히 말하자면 어떤 금속이든 자기장에 놓이면 자기력을 띠게 됩니다. 그러나 자기장이 사라지는 순간 금속 원자들은 다시금 무질서하게 정렬되기 때문에 자기력을 잃게 되지요. 하지만 철, 코발트, 니켈 원자는 자기장의 방향이 질서 정연하게 바뀐 상태 그대로 굳어져서 자기력을 잃지 않게 됩니다. 영구 자석은 이러한 원리를 바탕으로 만들어집니다.

## 금속 피로

앞에서 살펴보았듯 작은 불순물만 포함되어도 금속은 품질에 심각한 손상을 입히기 때문에 금속의 정제 작업은 아주 중요합니다. 어떤 물질의 경우에는 금속에 다른 물질이 추가되면 전례 없이 새로운 특성이 생기기도 합니다. 예를 하나 들자면, 구리와 주석의 합금인 청동이 있습니다. 주석이 첨가되면 구리는 더욱 단단해지지요. 또한 강철에 베릴륨을 첨가하면 강철의 경도가 증가할 뿐만 아니라 금속 피로도가 줄어들게 됩니다. '금속 피로'가 무엇을 의미하는지 실험을 통해 알아봅시다.

# 실험 7 금속에 변형을 계속 가하면 어떻게 될까?

## 실험 목표

금속 피로가 무엇인지 알아보기

## 준비물

- 알루미늄 선
- 펜치나 집게

## 추가 준비물

- 강철 선 (2개)
- 구리 선
- 난로 혹은 가스레인지

## 실험 준비

강철 선 하나를 빨갛게 될 때까지 가열한 다음 공기 중에서 철선을 식힌다(굳지 않도록 주의할 것).



## 우리가 할 것

1. 철선 한 곳을 구부렸다가 펴면서 구부린 횟수를 센다.
2. 만약 철선이 끊어졌다면 끊어지기 직전의 횟수를 표에 적는다.
3. 불에 달구어진 강철 선과 다른 금속 선으로 같은 실험을 반복하고 결과를 표에 적는다.

| 금속 | 구부린 횟수 |
|---|---|
| 구리 | |
| 알루미늄 | |
| 다 식은 강철 | |
| 열이 남아 있는 강철 | |

## 결론

금속은 상당히 많은 변형을 견딜 수 있다. 그러나 구부리고 접은 횟수마다 미세한 균열이 금속에 축적되어 금속의 피로도는 늘어나게 된다. 변형을 가하는 것에 대한 금속의 내성은 금속이나 합금의 성분뿐만 아니라 불에 얼마나 달구었는지에 따라 달라진다.

## 베릴륨을 첨가한 강철

우리는 오랜 시간 운동이나 공부를 하면 피로를 느낍니다. 마찬가지로 금속 또한 장시간 반복해서 힘을 가하면 손상을 입게 됩니다. 일반적으로 기계 속에 들어 있는 용수철 같은 부품은 금속 변형을 크게 걱정하지 않아도 됩니다. 물론 용수철에 지속적인 압력과 변형을 가하면 용수철에도 미세한 손상이 일어나고 '피로도'가 쌓입니다. 그렇지만 베릴륨이 첨가된 강철(혹은 베릴륨과 합금한 합금강)의 경우에는 금속에 피로도가 거의 쌓이지 않아서 수십억 번의 압축과 팽창을 견딜 수 있습니다.

## 비행기에 쓰이는 금속



합금 물질에 어떤 금속을 첨가하게 되면 경도는 약간 약해지게 되지만 무게는 줄어듭니다. 이 방법은 우주 공학에서 아주 중요하게 사용됩니다. 예를 들어 타이타늄과 마그네슘 합금은 달 탐사선에 사용되어 달 토양 샘플을 채취하는 데 도움이 되었습니다. 타이타늄은 탐사선에 부착된 드릴의 경도를 높여 주었고 마그네슘은 드릴의 무게를 줄여 주었습니다. 타이타늄과 마그네슘이 없었더라면 도구의 무게 때문에 달까지 날아가는 데 너무 많은 연료가 필요했을 것입니다.

또한 온도가 매우 낮은 고도에서 비행하는 항공기에는 나이오븀이 사용되는데, 0.7%의 나이오븀만으로도 알루미늄 기반 합금은 영하 80℃에서도 버틸 수 있습니다. 이와 같은 온도에서 다른 대부분의 금속은 쉽게 부러지고 망치로 내려치면 산산조각 나지요.

## 형상 기억 합금

타이타늄과 니켈을 1:1로 합금한 니티놀은 끝내주는 특성을 지니고 있습니다. 바로 '형상 기억'이라는 특성이지요. 형상 기억은 어떤 합금이 일정한 온도에서의 형태를 기억해서 그 온도가 되면 원래 형태로 되돌아가는 특징을 말합니다. 예를 들어 복잡한 기계 부품을 리벳(금속판 따위를 이어 붙이는 데 쓰는 못)으로 고정시킬 때, 반대편에 또 다른 부품이 있으면 리벳을 끼워 넣지 못하는 경우가 종종 발생합니다. 이럴 때 니티놀로 만든 리벳으로 문제를 해결할 수 있습니다. 리벳을 원하는 모양으로 만든 다음 그 리벳을 빨갛게 될 때까지 달구어 굳힙니다. 그다음에 리벳을 제련해 원통형 모양으로 바꾸어 구멍을 뚫고 40℃까지 가열하는 것입니다. 그렇게 되면 리벳은 스스로 둥그런 형태로 복원이 됩니다. 이 리벳이 형상 기억을 했기 때문이지요.

니티놀의 원자들은 제련 중 만들어진 상호 간의 배열로 되돌아가려는 특징을 갖고

있습니다. 이런 니티놀은 의료 분야에서 부러진 뼈를 접합하는 데 사용되기도 합니다. 니티놀을 이용해서 아주 좋은 용수철을 만들 수 있는데 특히 형상 기억이라는 특성 덕택에 이 용수철은 금속 재료에 계속해서 변형력을 가하면 연성이 점차 감소하는 금속 피로 현상도 없습니다. 금과 카드뮴 합금, 구리와 알루미늄 합금 같은 특정 합금이나 기타 금속 역시 이런 형상 기억이라는 특징을 지니고 있습니다.

## 금속으로 만든 샐러드

하나가 아닌 여러 금속과 합금함으로써 얻게 되는 '금속 샐러드' 역시 무척이나 놀라운 성질을 갖고 있습니다. 예를 들어 구리, 마그네슘, 망가니즈를 알루미늄에 추가하면 훨씬 더 단단한

금속을 얻을 수 있는데, 이것이 바로 '두랄루민'이라고 하는 알루미늄 합금입니다.

금속 피로 실험에서도 알 수 있듯 알루미늄은 강도가 약합니다. 알루미늄 선을 구부렸을 때 금방 끊어졌으니까요. 하지만 구리, 마그네슘, 망가니즈를 섞은 알루미늄 합금은 훨씬 더 단단하고 가볍습니다. 구리 함량은 4%를 조금 넘고 마그네슘과 망가니즈의 함량은 1% 미만인 두랄루민은 잘 경화(단단하게 굳음)하는 특징을 지닙니다. 고온에서 급랭시킨 뒤 상온에 그대로 두면 점점 더 단단해지고 강도가 높아지는데 이런 현상을 '시효경화'라고 하지요. 두랄루민은 비행기나 항공선, 고속 철도 등 가볍지만 강도가 센 재질이 중요한 것을 만들 때 광범위하게 사용됩니다.

## 특별한 임무를 띤 인듐

제2차 세계 대전 당시의 일입니다. 1940년 여름, 독일의 나치는 영국 상륙을 진지하게 고려하고 있었습니다. 나치의 상륙 작전을 방어할 만큼 강하지 않았던 영국군은 함대와 항공에 희망을 걸었지요. 나치 독일 장군들은 상륙 작전이 성공하려면 영국의 모든 비행장을 폭격하고 항공기를 비롯해 그것을 생산할 수 있는 산업 시설을 파괴해 제공권을 장악해야 한다고 판단했습니다. 그 이후, 독일 나치군의 대대적인 공습이 시작되었습니다. 영국군이 독일 전투기에 대항하는 방법은 두 가지였습니다. 공중에서 전투기로 싸우는 방법과, 지상에서 대공포로 싸우는 방법이었지요.



깜깜한 밤, 날아가는 전투기를 대공포로 잡기 위해서는 서치라이트의 빛에 의존하여 전투기를 식별해야만 합니다. 이때 탐조등의 강렬한 빛과, 그 빛이 안개를 뚫고 나올 수 있도록 불빛을 잘 반사하는 좋은 거울이 필요합니다. 전통적으로 거울을 만들 때 유리 뒷면에 구리나 주석, 혹은 은을 붙였습니다. 물론 가장 좋은 금속은 은이었습니다. 은은 빛을 완벽하게 반사할 수 있지만 황화 수소나 기타 가스가 있을 때는 투과율(복사 광선 등이 물체를 투과하는 능력)이 떨어집니다. 참고로 폭격이나 폭발, 화재가 발생하면 공기 중에 많은 양의 황화 수소가 생기기 때문에 은으로 만든 거울은 효과적이지 않습니다.

그러나 1930년대 발견된 물질로 문제를 해결할 수 있었습니다. 바로 '인듐'입니다. 인듐은 은보다 반사율이 떨어지지 않으

며 공기 중에 황화 수소가 있더라도 투과율이 떨어지지 않습니다. 탐조등에 달린 인듐 거울은 완벽하게 작동해서 결과적으로 영국 대공포 사수들에게 승리를 안겨 주었습니다. 인듐이 없었더라도 영국이 이겼을 수도 있지만, 어쨌든 인듐은 영국의 승리에 크게 기여했지요.

## 실험 8 거울을 어떻게 만들까?

인듐이나 은은 주변에서 구하기 힘들기 때문에, 간단하게 구하기 쉬운 '금속 빛깔 페인트'로 거울을 만들어 보자.

### 준비물

- 유리 조각(금속층이 부분적으로 벗겨진 낡은 거울도 괜찮음)
- 금속 빛깔 페인트 혹은 거울 효과를 내는 스프레이 페인트
- 오래된 신문
- 마스크
- 보호 안경



### 실험 준비

1. 유리를 씻어서 말리고 알코올로 유리 표면을 닦는다.
2. 페인트 냄새가 심하면 인체에 해롭기 때문에 발코니나 밖으로 나가서 실험을 진행한다.
3. 발코니 바닥에 얼룩이 묻지 않도록 신문지를 깔아 준다.
4. 페인트가 눈에 튀는 것을 방지하기 위해 마스크와 보호 안경을 착용한다.

## 우리가 할 것

유리 뒷면에 페인트나 스프레이 페인트를 고르게 바르거나 분사한 다음 페인트를 잘 말려 준다. 페인트를 몇 번 더 뿌리기를 반복한다. 페인트를 뿌릴 때 증기를 흡입하지 않도록 주의한다. 만약 바람이 분다면, 바람이 불어오는 쪽을 등지고 서서 페인트 방울이 얼굴에 튀지 않도록 한다.

## 결과

페인트가 완전히 마르면 유리를 뒤집어서 들여다본다.

## 결론

**유리에 페인트를 바르면 금속과 같이 빛이 반사되는 거울을 얻게 된다.**

## 배기가스 정화용 촉매제



자동차 엔진의 배기가스가 건강에 좋지 않다는 것은 잘 알려진 사실입니다. 배기가스에는 일산화 탄소, 황, 질소 산화물, 그을음이 함유되어 있습니다. 인체에 해로운 배기가스 양을 줄이기 위해 오늘날 자동차에는 촉매 변환기를 반드시 설치해야 합니다. 촉매제는 다른 물질의 화학 반응을 도울 뿐 자신은 변하지 않는 물질인데, 배기관에서는 바로 '금속'이 촉매 역할을 합니다. 백금과 로듐은 해로운 일산화 질소를 무해한 질소로 변환시켜 줍니다. 또한 팔라듐과 백금은 그을음과 일산화 탄소를 이산화 탄소로 바뀌게끔 하지요.

그런데 백금과 그 촉매 친구들은 고온에서만 잘 반응한다는 단점이 있습니다. 그래서 자동차가 아주 빠른 속도로 달릴 때, 즉 엔진이 뜨거울 때 유해 물질을 가장 적게 방출하지요. 반대로 교통 체증으로 자동차가 서 있을 때 유독한 배기가스가 더 많이 나옵니다.

## 텅스텐으로 만든 윤활제

텅스텐은 아주 단단한 금속입니다. 그래서 전차나 군함, 콘크리트 벽까지 뚫는 포탄인 철갑탄을 만드는 데 사용됩니다. 흑연 분말과 텅스텐 분말을 가열해 만든 화합물인 탄화 텅스텐으로는 금속이나 석재를 자르는 절삭 공구를 만드는 데 사용되기도 합니다. 그런데 놀랍게도 텅스텐은 윤활제로도 사용됩니다. 텅스텐이 황과 함께 쓰이면 기계나 부품의 마찰을 줄여 줄

뿐만 아니라 고온에도 강해 엔진 내부에도 사용할 수 있지요. 자동차 엔진 오일에 황화 텅스텐을 넣으면(이것이 자동차 윤활유입니다) 연료 소비와 부품 마모를 방지하고 소음을 크게 줄여 줍니다. 물론 윤활유를 넣지 않아도 자동차 엔진이 작동하지만 부품 손상이 나타나고 마모가 더 심해져서 결국 모터 수명이 짧아지게 되지요.

## 금속을 재료로 한 안료

화가의 작업장은 희귀한 금속을 포함해 아주 다양한 금속을 모아 놓은 창고라고 할 수 있습니다. 화실에서 볼 수 있는 금속은 순수한 형태가 아니라 대부분 화합물이지요.



금속의 염화물이나 산화물은 밝은색을 띠는데, 이 광물들을

곱게 갈아(이처럼 물건에 칠해 색을 내는 분말을 '안료'라고 합니다) 물감에 섞으면 새로운 색을 얻을 수 있습니다. 예를 들어 일산화 납을 400~450℃로 장시간 가열하면 밝은 주황색 안료인 연단을 얻을 수 있습니다. 또한 황과 카드뮴의 화합물인 황화 카드뮴으로는 병아리처럼 샛노란 색을 얻을 수 있지요. 프러시안 칼륨과 철염에 황산을 넣고 증류하면 아주 짙은 파란색인 프러시안 블루를 얻을 수 있고, 산화 크로뮴으로는 크롬 레드와 크롬 옐로, 크롬 그린 등의 안료를 만들 수 있습니다. 흰색을 만들 수 있는 안료도 눈이 휘둥그레질 만큼 많습니다. 백연, 타이타늄, 아연, 바륨 등등이 모두 흰색 안료를 만들 때 사용하는 금속이지요.



## 그림의 색이 변하는 까닭

미술관을 방문해 그림을 감상할 때, 오래된 작품 가운데 무척 어두운색을 띠는 그림이 있습니다. 어떤 그림은 알아보기 힘들 정도로 어둡기도 합니다. 한때 밝은색을 띠었던 그림들이 시간이 지나 어두워진 것입니다. 도대체 무슨 일이 벌어진 걸까요?

그림의 색이 어두워진 까닭은 첫째, 그림을 덮고 있는 광택제가 산화되어 어두워진 것입니다. 둘째, 물감 성분인 안료가 공기 중에서 황화 수소와 반응한 것입니다. 과거 화가들이 자주 사용한 안료인 백연은 납에 아세트산 증기를 작용시켜 만든 가루로, 여기에 들어 있는 염이 바로 흰색인데 공기 중에 황화 수소가 조금만 있어도 아세트산 납은 검은색의 황화 납이 되어 버리지요. 이런 화학 반응은 급속하게 일어나는 것이 아니라 수십 년, 수백 년에 걸쳐 천천히 진행됩니다. 오래된 작품 가운데 어두운색을 띠는 그림이 많은 것은 바로 이런 이유입니다.

그림 색상을 원래 밝기로 복구하기 위해 복원 전문가들은 과산화 수소를 사용해 조심스럽게 작업합니다. 과산화 수소는 황을 산화시켜 황화물을 황산염으로 바꾸어 놓는데, 다행히 이 황산염이 흰색이라 어둡게 변했던 색이 다시 흰색으로 돌아오게 되는 것이지요. 이처럼 세심한 미술품 복제 작업에도 금속에 대한 지식은 아주 쓸모 있게 활용되고 있습니다.

## 화려한 마그네슘 불꽃놀이

모든 금속은 연소시킬 수 있습니다. 금속 대부분은 가루로 만들면 연소가 더 잘되는데, 설령 철이라고 하더라도 톱밥같이 부드러운 가루로 만들면 불에 태울 수 있지요. 금속을 연소시키면 형형색색의 아름다운 불꽃을 볼 수 있습니다. 하늘을 화려한 색으로 수놓는 불꽃놀이가 바로 여러 가지 금속을 연소시켜 만드는 것이지요.

불꽃놀이를 할 때 가장 주요한 금속이 바로 마그네슘입니다. 마그네슘은 600℃의 온도에서 타기 시작하는데(성냥의 경우 발화점이 800~1000℃입니다) 공기 중에서 하얀색 불꽃으로 화려하게 연소되지요. 말 그대로 눈이 부실 정도로 화려해서, 타고 있는 마그네슘을 맨눈으로 가까이에서 바라보면 눈에 화상을 입을 수 있으니 주의해야 합니다. 또한 마그네슘에 불이 붙으면 손 뗄 시간도 없이 아주 빨리 타오르기 때문에 마그네슘을 손에 들고 불을 붙이면 절대 안 됩니다.

참고로 마그네슘은 공기 중에서 탈 때 온도가 2200℃에 달하며 순수한 산소에서 마그네슘이 탈 때는 온도가 무려 3800℃까지나 올라갑니다.

## 분수처럼 퍼지는 스파클러

알루미늄 역시 가루 형태일 때 연소가 잘 되는데, 마그네슘이나 알루미늄 가루를 톱밥처럼 만들어 가느다란 강철 막대에 붙이면 안전한 스파클러를 만들 수 있습니다. 마그네슘 자체는 불똥이 없어도 고르게 잘 타오르는지만 불꽃을 더 화려하게 만들려면 철 가루를 섞어야 합니다. 그렇게 하면 분수처럼 불꽃이 사방으로 퍼지는 스파클러를 만들 수 있지요.

## 실험 9 소금으로 불꽃을 어떻게 만들까?

금속은 단순히 타서 재가 되는 게 아니라 불꽃을 다양한 색상으로 물들인다. 금속 자체가 형형색색을 띠는 것은 아니다. 그런데 불꽃은 어떻게 이런 다양한 색을 낼 수 있을까? 실험을 통해 확인해 보자. 이 실험은 불을 다루기 때문에 꼭 안전하게 진행해야 한다.

### 실험 목표

**금속이 어떤 색상으로 불꽃을 물들이는지 확인하기**

### 준비물

- 양초
- 소금
- 소다
- 염화 칼륨(철물점에서 살 수 있음)
- 분필
- 황산 구리
- 얻을 수 있는 다른 금속염

### 추가 준비물

- 기다란 철제 손잡이가 달린 얇은 고리 막대 혹은 체

### 실험 전 준비

1. 양초에 불을 붙인다.
2. 테스트할 염 용액에 고리 막대(혹은 체)를 담갔다가 뺀다.

## 우리가 할 것

안전한 거리를 유지한 상태에서 양초 불꽃에 소금을 뿌리거나 혹은 염 용액이 묻은 막대를 갖다 댄다. 양초 불꽃의 색이 어떻게 변하는지 관찰한 다음 결과를 다음 표에 기록한다.

| 물질 | 불꽃 색깔 |
|---|---|
| 소금 | |
| 소다 | |
| 염화 칼륨 | |
| 분필 | |
| 황산 구리 | |
| | |
| | |
| | |



## 주의

다른 금속의 염에 나트륨 불순물이 묻지 않아야 한다. 나트륨은 밝은 노란색 불꽃을 만들기 때문에 다른 물질로 인해 생긴 불꽃의 색상을 왜곡시킬 수 있다.

## 결론

**금속의 염 성분은 불꽃을 다른 색상으로 바꿔 놓는다. 나트륨은 밝은 노란색, 칼륨은 보라색, 칼슘은 주황색, 구리는 청록색으로 나타난다.**

## 인듐의 푸른 불꽃

'인듐'의 이름만 놓고 보면 인도에서 나는 광물에서 나왔거나 인도 과학자가 발견해서 그의 이름이 붙은 물질이라고 생각할 수 있습니다. 하지만 인듐은 '인디고'라는 색에서 따온 이름입니다. 인듐 원자를 불꽃에 넣으면 푸른색 불꽃으로 빛이 납니다. 인듐은 파란색 외에 다른 광선도 방출하는데, 인디고의 색상은 분광기를 통해서만 확인할 수 있습니다. 분광기는 빛이나 전자파의 스펙트럼을 분석해 그 세기와 파장을 검사하는 기계로, 섞여 있는 색상을 분해해 볼 수 있는 장치입니다.

도와주세요!

# 제6장
# 금속을 어떻게 보호할까?

부식이란, 금속이 산소와 결합하거나 수소를 잃는 산화로 인해 금속 화합물로 변하는 현상을 말합니다. 철로 만든 제품이 부식되면 표면에 붉은색으로 된 얇은 층이 생기면서 녹이 스는데, 그 녹이 금속 내부까지 부식시키지요. 그대로 두면 녹이 더 많은 부식을 일으켜서 단단한 금속 제품을 부서지기 쉬운 가루로 만들어 버립니다. 구리는 부식이 진행되면 표면에 엷은 녹색 층이 덮입니다. 오래된 구리 동상의 겉면이 녹색으로 덮인 모습을 흔히 볼 수 있는데, 이런 녹청 현상이 일어나기 전에 구리는 광채를 먼저 잃어버립니다. 구리의 표면에서만 부식이 일어난 것입니다. 은의 경우에는 황화 수소와 접촉하면 검게 변하는데, 이 역시 부식 현상입니다. 물론 금속의 부식이 항상 색의 변화로 나타나는 것은 아닙니다. 미세한 긁힘 자국으로 뒤덮여 광채를 잃을 수도 있고 물에 흔적도 없이 녹아 버릴 수도 있지요. 어쨌거나 금속 제품에 부식이 일어난다는 것은 점차 쓸모없는 금속으로 변해 간다는 뜻입니다.

## 귀족 금속

금이나 백금, 그리고 산출량이 아주 적은 희금속인 루테늄, 로듐, 이리듐 및 기타 몇몇 금속은 부식 현상이 일어나지 않습니다. 여러 금속 중에서도 귀족 금속이라고 할 수 있지요. 이 금속들은 강한 산과 접촉하더라도 자신들이 갖고 있는 전자를 잃지 않기 때문에 부식이 되지 않습니다.

은과 구리 역시 귀금속으로 분류되지만, 특정 조건에서만 부식 현상이 일어납니다.

## 화산 폭발을 예측하는 은 포크

은은 소량의 황화 수소만으로도 색이 검게 변하는 성질을 띱니다. 이러한 은의 성질을 이용해 화산 폭발을 예측할 수 있습

니다. 화산은 분출되기 며칠 전부터 황화 수소나 기타 가스가 방출되기 시작하는데, 사람의 후각으로는 이 가스를 감지하기가 어렵습니다. 하지만 은은 농도가 낮은 가스에도 무조건 반응합니다. 예를 들어 화산 근처에서 은으로 만든 포크의 색이 검게 변하면(혹은 분홍색으로 변할 수 있습니다. 은의 표면에 생긴 아황산 염의 얇은 막이 분홍빛을 띠기 때문이지요) 화산이 곧 분출하는 것을 예상해서 대피할 시간을 벌 수 있지요.

## 광석으로 돌아가려는 금속

부식이 일어나지 않는 금, 백금, 루테늄, 로듐, 이리듐 및 기타 몇몇 금속을 제외한 나머지 금속은 다른 무언가와 화학 반

응을 일으키고자 합니다. 그 '무언가' 중 하나가 바로 '산소'입니다. 산소는 공기의 약 1/5을 차지합니다. 금속은 바로 이런 산소와 결합해 '산화물'로 변하지요. 예를 들어 유황은 산소와 결합해 황화물로 변합니다. 구리나 청동에 있는 얇은 녹청은 탄산염과 이산화 탄소, 탄산염과 물, 이산화 탄소와 물의 화합물이지요.



금속은 어떤 식으로든 화합물 상태로 돌아가려는 경향이 있습니다. 금속은 전자를 쉽게 잃는 성질이 있다는 점을 생각하면 이러한 경향이 놀라운 일은 아니지요. 그래서 금속은 어떻게든 산소, 황, 심지어 물에 있는 수소에 전자를 전달하려고 합니다. 오히려 일부 금속이 부식되지 않거나 약하게 부식된다는 점을 놀라워해야 하지요.

## 실험 10 부식은 어떻게 진행될까?

### 실험 목표

**부식이 빨리 진행되는 원인 파악하기**

### 준비물

- 강철못 4개(오래되고 녹슨 못도 가능하지만 못 네 개가 똑같이 녹슬어 있어야 함)
- 쇠줄
- 펜치/니퍼
- 뚜껑 있는 유리병
- 아세트산
- 보호 장갑과 보호 안경

### 추가 실험을 할 경우

- 구리 선
- 소금물
- 황산 구리



### 우리가 할 것

못 하나를 쇠줄로 갈아서 철 가루를 얻는다. 그 철 가루를 아세트산이 든 유리병에 넣는다. 철 가루가 아세트산과 어떻게 반응하는지 관찰하고 기록한다.

### 추가 실험

1. 갈지 않은 못에 구리 선을 단단하게 연결하고 산에 담근다.
2. 산과 소금이 들어 있는 용액에 철 가루를 일정량 넣는다.
3. 황산 구리 용액이 담긴 병에 남은 철 가루를 넣는다.

## 결과

시간이 지나면 못 표면에 있는 녹이 먼저 사라지기 시작한다. 그 이후에 못이 산에 녹기 시작한다(이런 현상은 산의 농도가 진하고 온도가 높을수록 더 빨리 진행된다). 용액은 철염에 의해 주황색이나 갈색으로 변한다. 철 가루는 못보다 녹는 속도가 훨씬 빨라서 2~3일 안에 완전히 녹아 버린다.



## 결론

1. **산이 있으면 금속은 부식이 더 빨리 진행된다. 특히 산 농도가 짙을 수록 부식 속도가 더 빨라진다.**
2. **유리병 속에서 용액 온도가 올라가면 금속 부식은 더욱 빨리 진행된다.**
3. **금속의 접촉면이 많으면 (즉 철 가루처럼) 부식이 더 빨라진다.**
4. **부식에 덜 취약한 '덜 활동적인 금속(가령 구리와 같은)'을 '더 활동적인 금속(가령 철)'에 접촉시키면 두 금속이 맞닿는 부분에서 부식이 더 빨리 일어난다.**
5. **소금물은 부식을 가속화시킨다.**
6. **(황산염 용액에 담긴) 구리 이온은 철에서 전자를 가져와서 금속 구리로 변한다.**

## 도색에서 도금까지

그렇다면 금속이 부식되는 것을 어떻게 막을 수 있을까요? 금속이 부식되는 원인은 산이나 물 또는 다른 물질 때문입니다. 가장 먼저 할 일은 금속을 이런 물질로부터 떨어뜨려 놓는 것이지요. 나트륨이나 칼륨 같은 알칼리성 금속은 등유에 넣어 보관하는데, 산소와 물은 등유에 침투할 수 없기 때문에 알칼리 금속을 보호합니다. 알칼리 금속 가운데 하나인 리튬은 등유에 뜰 만큼 가벼워서 이 경우에는 파라핀으로 만든 막대기로 리튬을 눌러 줍니다.

금속 표면에 칠을 하는 도색 작업도 부식을 어느 정도 방지할 수 있습니다. 강철에 페인트를 칠하면 산소와 접촉을 막아 철이 덜 녹슬게 되지요. 문제는 페인트가 조금이라도 벗겨지면 그 틈에서부터 다시 부식이 시작되는데 도색이 한 번 벗겨지면 아무것도 칠하지 않은 금속보다 상황이 더 좋지 않게 됩니다. 도색이 벗겨진 틈에 물이 떨어지면 쉽게 증발하지 않기 때문에 철에 녹이 더 빨리 생기는 것이지요.

부속을 막기 위해 금속으로 된 제품을 다른 금속으로 '덮어 버리는' 방법도 있습니다. 즉, 금속 제품의 표면을 '반응성이 더 큰 금속' 혹은 합금으로 도금하는 것이지요. 러시아 교회의 건축 양식 중 양파형 돔을 보면 표면이 양철로 되어 있는데, 부식을 막기 위해 금으로 한 번 더 덮여 있습니다. 그래서 이 양파형 돔은 부식에도 강하고 겉의 금 도금 때문에 더욱 아름다워 보이지요.

반드시 비싼 귀금속으로 도금할 필요는 없습니다. 아마 여러

분 집에 아연으로 도금된 양동이나 대야 혹은 기타 생활 도구들이 하나쯤 있을 것입니다. 이런 생활 잡화는 잘 깨지지 않도록 속은 철로 되어 있지만 겉에는 아연 등으로 코팅이 되어 있지요. 아연은 물에 의한 부식이 무척 더디게 진행되기 때문에 아연으로 도금된 양동이에 산을 들이붓지 않는 이상 잘 부식되지 않습니다.

금이나 아연으로 도금이 되어 있더라도 표면에 작은 구멍이나 흠집이 생기면 그 틈으로 부식이 빨리 진행되어서 금속을 망가뜨리게 됩니다. 게다가 앞에서 언급한 것처럼 반응성이 작은 금속과 접촉하게 된다면 반응성이 더 큰 금속에서 부식이 더 빨리 진행되지요(예컨대 아연과 철을 접합시키면 아연이 철에 의한 '피해자'가 됩니다).

## 이온화 경향에 따른 금속 부식

반응성이 작은 금속과 접합하면 왜 반응성이 큰 금속이 빨리 부식되는지는 앞에서 설명한 바 있습니다. 볼타 전지의 작동 원리를 기억해 보세요. 소금물을 전해질로 쓸 때 전자를 전달하고자 하는 정도가 강한(이온화 경향이 작은) 구리는 정도가 약한(이온화 경향이 큰) 아연으로부터 전자를 가져옵니다(전선으로 연결할 때 말이지요). 그러면 아연 원자는 전자를 잃고 양이온으로 바뀌어 용액으로 들어갑니다. 원자가 하나 이상의 전자를 잃거나 혹은 얻게 된 원자를 이온이라고 합니다.

아연이 구리와 연결되어 있지 않다면 아연은 전자를 떼어 주어 양이온이 되고, 전자를 받은 물질은 음이온이 됩니다. 전자를 받은 음이온은 아연 양이온과 당기는 힘이 작용해 아연 이온이 용액으로 녹아 들어가지 않게 합니다.

하지만 전자를 계속 줄 수 있는 상황이 되면(전해질인 소금물 속 물질에 전자를 계속 줄 수 있다면) 아연은 더 빨리 부식됩니다. 이와 같은 이유로 소금물에서 부식이 훨씬 더 빠르게 진행되는 것이지요.

## 허영심이 부순 요트

다음은 학교에서 화학 선생님이 들려준 이야기입니다. 옛날에 갑작스레 부자가 된 남자가 있었는데, 이 사람은 자신을 시샘하는 사람들에게 허영을 부리기로 결심했습니다. 그래서 선체가 강철로 된 요트를 구매한 다음 그 요트 표면을 비싸고 아름다운 니켈로 덮었지요.

니켈 도금은 금속을 보호하는 효과적인 방법이지만, 비용이 아주 많이 들기 때문에 요트에 니켈 도금하는 일은 드뭅니다. 하지만 불행하게도 탐욕에 빠진 부자는 요트의 흘수선(배가 물 위에 떠 있을 때 배와 수면이 접하는 경계가 되는 선) 윗부분만 니켈 도금을 하고 배가 물에 잠기는 아랫부분은 철 상태 그대로 남겨 두었지요. 물론 아랫부분은 물에 잠겨 철로 된 선체가 보이지 않았습니다. 이후 어떻게 되었을까요?



바다가 물결이 잔잔할 때에는 부식이 천천히 진행되었습니

다. 그러나 파도가 일어 요트의 흘수선 윗부분까지 바닷물이 닿자 도금을 하지 않은 강철 선체 부분이 니켈로부터 많은 음전하를 가져오게 되었고, 니켈로 도금한 선체 부분이 도금하기 전보다 훨씬 더 빨리 부식되기 시작했습니다. 그러니까 철보다 '강했던' 니켈이 철로부터 전자를 끌어당긴 것입니다. 즉, 철 원자는 전자를 잃게 되면서 이온화가 진행되었고 이에 따라 용액이 되어 갔습니다. 상황은 더욱 안 좋아져서 마침내 선박에 물이 스며들기 시작했습니다. 부자는 천신만고 끝에 간신히 해안가까지 요트를 끌고 올 수 있었습니다.

## 불순물 첨가



부식이 진행되는 것을 막기 위해 금속에 페인트를 칠했는데, 이 페인트칠이 벗겨질 때가 있습니다. 이때 칠이 벗겨진 금속에 다시 페인트를 덧발라도 될까요? 나무가 썩지 않도록 니스칠을 해 버리는 것처럼 말이지요.

이것은 가능한 일입니다. 예를 들어 스테인리스 강철은 하나의 합금이 아니라 철과 크롬을 기반으로 하는 합금군입니다. 금속에 소량의 또 다른 금속을 추가하면 때때로 그 금속의 성질이 아주 크게 변하는데, 결정의 물성을 변화시키기 위해 소량의 불순물을 필요한 양만큼 첨가하는 것을 '불순물 첨가'라고 합니다. 즉, 철에 크롬을 첨가하면 부식에 강한 '스테인리스 강철'이 되는 것입니다. 스테인리스 강철은 강철로 만든 다른 제품을 반으로 자르거나 긁고 뚫을 수 있으며 심지어 조각으로 쪼개져도 잘 부식되지 않습니다.

물과 산소보다 훨씬 더 위험한 물질을 많이 사용하는 화학 산업에서는 니켈과 몰리브데넘을 기반으로 하는 하스텔로이 합금군을 사용합니다. 금속이 단순한 산뿐만 아니라 뜨거운 산에 닿아야 하는 경우 니켈과 크롬을 기반으로 하는 내열 합금 인코넬을 씁니다. 뜨거운 산에도 녹지 않는 금속이라니, 그야말로 기적과도 같은 일이지요.

## 블루잉 강철

'블루잉'은 강철의 부식을 막기 위해 공기나 수증기, 화학 약품에 노출시켜 산화막을 형성하게 하는 공정을 말합니다. 이를 위해 먼저 강철을 농도가 짙은 황산에 담가야 합니다. 묽은 황산에 담그면 강철이 빠르게 녹기 때문입니다. 농도가 짙은 황산은 철 표면에 산화물로 구성된 견고한 막을 만듭니다. 철 표면에 있는 막은 쉽게 부서지지 않고 단단하며 심지어 불침투성(액체 따위가 스며들어 배지 않는 성질)을 지니기 때문에 녹으로부터 철을 안정적으로 보호하지요. 물론 강철 표면에 있는 막이 찢어지지 않도록 조심해야 합니다. 스테인리스 강철과 마찬가지로 이 막은 스스로 복구되지 않기 때문입니다

이렇게 금속 표면에 산화 피막을 입혀 내식성(부식이나 침식을 잘 견디는 성질)을 높이는 일을 '부동태화'라고 합니다. 금속이 본래 반응성을 잃고 화학적으로 안정된 상태가 되는 것이지요. 부동태화가 된 철을 블루잉이라고 하는데, 철 표면에 생긴 산화

막이 마치 까마귀 날개처럼 보랏빛과 파란빛, 검정빛 등이 감돌며 빛나기 때문에 붙여진 이름입니다.

오늘날 블루잉 강철은 장식품이나 부속품으로 사용됩니다. 철물점에서 검은색 나사를 본 적 있나요? 그 나사가 바로 블루잉 강철로 만든 것이지요.

## 주석 페스트

금속을 보호하기 위해서는 부식에만 신경 쓰면 안 됩니다. 주석은 낮은 온도에 장시간 노출되면 결정 모양이 바뀌어 형태가 부스러지는데, 부서진 결정 모양이 전염병인 페스트와 닮았다고 해서 '주석 페스트'라는 이름이 붙여졌습니다. 사실 순수한 주석은 원자 배열에 따라 두 가지 종류가 있습니다. 주석이 녹아 있는 물질이 응고되면 백색 주석이 만들어지는데, 이 백색 주석은 연성(탄성 한계 이상의 힘을 받아도 부서지지 않고 늘어나는 성질)이 뛰어납니다. 그런데 백색 주석은 13℃ 미만 온도에서 회색으로 변하기 시작하고 영하 33℃ 미만의 혹독한 추위에서는 이런 변화 현상이 몇 시간 만에 나타나지요.

문제는 주석이 회색으로 변하면 백색 주석보다 부피가 약 1/4 정도 더 커진다는 것입니다(액체 상태의 물을 얼리면 부피가 더 커지는 것처럼 말이지요). 이런 팽창의 결과로 금속이 쪼개져 가루가 되어 버리지요. 백색 주석이 회색 주석으로 변하기 시작했다면 이미 주석 페스트가 진행된 것입니다. 그때는 다시 온도를 따뜻하게 해도 치유될 수 없습니다. 더군다나 건강한 백색 주석이 아픈 주석(페스트 주석)과 접촉하면 백색 주석 역시 감염됩니다. 실제로 흑사병(페스트)에 걸린 것처럼 말입니다. 감염으로 인해 원자 위치가 재배열되기 때문이지요.

주석 페스트가 실질적으로 인명 피해를 초래하기도 했습니다. 1912년 남극에 다다른 로버트 팰콘 스콧이라는 영국 탐험가의 사망 원인 가운데 하나가 주석 페스트였습니다. 스콧이

이끈 원정대가 돌아오는 길에 사용하려고 등유를 드럼통에 저장했는데, 이 드럼통은 주석으로 납땜이 된 상태였습니다. 그런데 갑자기 무척 강력한 추위가 시작되면서 드럼통의 납땜 부분이 부서져 버렸고 그 부분으로 등유가 새어 나왔지요. 돌아오는 데 쓸 연료를 모두 잃은 원정대는 결국 조난당해 전원 목숨을 잃고 말았습니다.

다행히도 야금학자들은 주석 페스트를 치료할 수 있는 약을 찾았습니다. 바로 '비스무트'라는 금속입니다. 비스무트를 '창연'이라고도 하는데, 이는 '푸른 납'이라는 뜻입니다. 비스무트를 약간만 추가하면 백색 주석이 회색 주석으로 변하는 것을 막을 수 있습니다.



## 녹슬지 않는 알루미늄

요즘 집집마다 알루미늄 냄비나 프라이팬 하나쯤은 가지고 있습니다. 이 식기구들은 쉽게 녹이 슬지 않습니다. 심지어 건조되지 않은 상태에서 선반에 올려놓거나, 비 내리는 바깥에 방치해도 몇 년 동안 녹슬지 않지요. 무쇠로 만든 식기구는 건조를 잘 하지 않거나 야외에서 비를 맞게 내버려 두었을 때 바로 녹이 생깁니다. 하지만 알루미늄은 그렇지 않습니다.

알루미늄 자체는 반응성이 큰 금속입니다. 순수한 알루미늄을 물에 넣으면 '치이익' 소리를 내며 녹아 버리지요. 공기 중에서도 순수한 알루미늄은 산소와 빠르게 반응합니다. 그런데 알루미늄으로 만든 식기구는 왜 녹이 잘 슬지 않을까요?

그 이유는 알루미늄이 무척 빨리, 또 쉽게 산소에 의해 산화되어 표면에 얇은 산화물을 형성하기 때문입니다. 알루미늄 산화물은 '강옥'과 화학식이 같습니다. 산화 알루미늄으로 이루어진 강옥은 다이아몬드 다음으로 경도가 큰 광물이지요. 강옥은 알루미늄 원자의 최상층이 산소와 결합하자마자 형성되고 이에 따라 금속 표면에 보호막이 만들어집니다. 이 보호막 덕분에 산소나 물, 기타 물질의 원자가 보호막 내부로 침투할 수 없게 되지요. '약한' 금속이 견고한 갑옷으로 무장한 것과 같습니다. 강옥은 쉽게 긁히지 않는데, 설령 긁힌 자국이 생겨도 새로 노출된 알루미늄 원자가 산소와 즉시 결합해서 산화물로 구성된 막을 다시금 복원시킵니다. 쇠줄로 문질러도 마찬가지입니

다. 알루미늄에서 산화물 보호막을 없애려고 아무리 노력해도 보호막은 즉시 다시 만들어집니다.

## 알루미늄 뱀파이어

알루미늄의 가장 위험한 적은 수은입니다. 수은이 한 방울만 떨어져도 알루미늄 제품은 몇 시간 만에 고철 덩어리가 되지요. 수은은 금속 표면에 있는 강옥으로 이루어진 막을 파괴할 뿐만 아니라 새로운 막이 형성되는 것도 방해합니다. 이런 이유로 비행기를 탈 때 수은을 휴대하는 일은 엄격히 금지되어 있습니다. 수은 온도계라도 말이지요. 비행기 몸체는 알루미늄 합금인 두랄루민으로 이루어져 있어서 만에 하나 수은 온도계가 비행기 안에서 깨지기라도 하면 아주 위험합니다.



## 헐렁한 갑옷

아연의 안정성은 산화물 보호막 효과를 기반으로 합니다. 아연 그 자체는 전자를 쉽게 빼앗기는 '약한' 금속입니다. 스테인리스 강철은 단순한 이유로 녹슬지 않는데, 스테인리스 강철 표면에 산화물로 이루어진 '갑옷' 보호막이 빠르게 형성되기 때문입니다.

그러면 일반적인 강철은 왜 녹슬까요? 그리고 붉은색 녹으로 이루어진 이루어진 막은 왜 금속의 깊은 층들을 보호하지 못할까요? 불행히도 이때 만들어진 산화철 막은 튼튼하지 못합니다. 깨지기 쉽고 틈이 많기 때문에 산소와 물이 산화철 아래 쉽게 침투해 녹이 잘 스는 것이지요.

너 없인
살 수 없어!

## 제7장

# 금속은 우리 삶에 어떤 영향을 끼칠까?

금속은 가장 기초가 되는 기술이기도 하지만 지구 생명체 또한 금속 없이 생존을 이어 갈 수 없습니다. 사람뿐만 아니라 박테리아나 식물까지도 말입니다. 사람의 몸에도 다양한 금속이 있습니다. 몸에 필수적인 금속이 아주 많기 때문에 사람의 몸을 프랭크 바움의 소설《오즈의 마법사》에 나오는 '양철 나무꾼'이라고 부를 수 있을지도 모릅니다.

## 우리 몸속에 있는 금속

우리 몸속의 금속이라고 하면 여러분은 아마 치아 교정기 같은 보철물을 떠올릴지도 모릅니다. 뼈나 관절에 문제가 있을 때 그 부위에 타이타늄이나 니켈-크로뮴-바나듐으로 이루어진 합금 및 기타 다른 합금으로 보조적인 인공물을 만들어 넣을 수 있습니다. 그런데 이 장에서 다루려는 금속은 그런 인공 대체물이 아니라, 우리가 생명체로서 살아가는 데 반드시 필요한 금속에 대한 이야기입니다.

우리 몸에 있는 금속은 순수한 금속 형태는 아닙니다. 다른 원자를 함유한 화합물의 형태, 혹은 용액 속에 떠 있는 이온 형태로만 존재하는 금속이지요.

## 철분

우리 몸에 반드시 필요한 금속 중에서 여러분이 가장 잘 알 만한 금속은 바로 '철분'입니다. 동물의 혈액 속 적혈구에는 헤모글로빈이라는 화합물이 있는데, 헤모글로빈은 폐에서 산소를 결합해 생체 내 다른 기관으로 산소를 운반하는 역할을 합니다. 이 헤모글로빈의 주요 성분이 바로 철분이지요.

철분 자체가 신체 기관 속을 마음대로 헤집으며 돌아다니지는 않습니다. 헤모글로빈 속 철분은 24개의 단백질 분자로 특별하게 '포장'되어 세포에 함유되어 있습니다. 포장지(철 저장 단백질인 페리틴) 하나에는 최대 4천 개의 철 원자가 담겨 있지요.

보통 성인의 몸 안에는 3~4g 정도의 철분이 있는데, 하루에 약 10~18mg의 철분을 음식물로부터 섭취해야 합니다. 대부분의 철분은 고기, 간 , 계란에 많이 함유되어 있습니다. 콩류, 메밀, 호박씨, 파슬리에도 철분이 풍부하게 들어 있지요.

## 칼슘

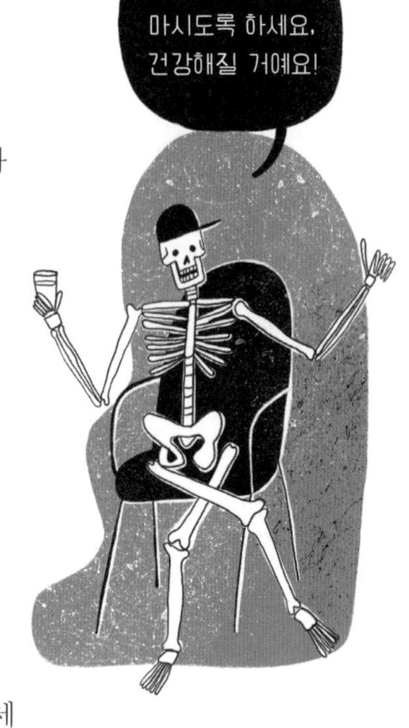


칼슘은 밀리그램 단위가 아니라 그램 단위로 섭취해야만 합니다. 뼈의 중요한 요소 중 하나가 바로 칼슘이기 때문이지요(뼈의 또 다른 주요 성분은 '인'입니다). 칼슘은 뼈와 치아뿐만 아니라 신경계에도 꼭 필요한데, 신경으로부터 근육으로 명령을 전달해 근육이 수축할 수 있게끔 하기 때문에 칼슘이 없으면 우리는 몸을 움직일 수조차 없습니다. 또한 칼슘은 한 신경 세포에서 다른 신경 세포로 자극을 전달하는 물질로 작용합니다. 칼슘의 또 다른 중요한 역할은 바로 '혈액 응고'입니다. 혈액에 칼슘이 부족하면 작은 상처가 나도 아무는 데 많은 시간이 필요하지요.

우리 몸에 필요한 칼슘을 충분히 공급하려면 우유를 가공해 만든 유제품을 많이 먹어야 합니다. 유제품이 칼슘의 주요 공급원이기 때문이지요. 비타민 D도 아주 중요합니다. 칼슘이 장에서 혈액으로 잘 흡수되도록 도와주는 비타민 D는 음식물(생선 기름, 생선 알, 꾀꼬리버섯에 비타민 D가 많이 들어 있습니다)과 햇빛을 통해 얻을 수 있습니다. 햇빛에 노출되면 피부에서 비타민 D가 만들어지기 때문입니다. 그렇다고 햇빛에 너무 오래 노출되면 오히려 해로우니 조심해야 합니다.

## 나트륨과 칼륨

우리 신체에서 나트륨과 칼륨은 똑같이 중요합니다. 이 두 금속 이온은 신경의 자극 전달에 관여하기 때문입니다. 또한 심장은 칼륨 부족에 상당히 민감합니다. 칼륨 부족으로 인한 섬유화(조직에 섬유 결합 조직이 과도하게 형성되어서 장기 일부가 굳는 현상)는 신경 전달 자극을 악화시켜 심장이 제대로 된 기능을 할 수 없게 만듭니다. 물론 칼륨을 너무 많이 섭취해도 심장 기능에 악영향을 미치지요.

나트륨 부족은 우리 건강을 크게 위협하지는 않습니다. 오히려 나트륨을 너무 많이 섭취하는 것을 경계해야 하지요. 우리는 음식에 첨가되는 소금을 통해 많은 양의 나트륨을 매일 섭취합니다. 식용 소금의 화학적 이름이 바로 염화 나트륨으로, 나트륨과 염소의 화합물이지요.



나트륨에 비해 칼륨 결핍은 종종 발생합니다. 칼륨 결핍을 방지하려면 고기와 유제품, 생선뿐만 아니라 과일과 채소를 많이 먹어야 합니다. 즉, 모든 영양소를 골고루 섭취해야 하지요. 특히 말린 살구에 칼륨이 매우 풍부하게 함유되어 있습니다.

## 마그네슘

마그네슘 역시 우리 몸에서 무척 중요한 역할을 합니다. 마그네슘은 신체 기관에서 다른 물질들이 복잡한 분자 변환을 할 수 있도록 돕는 촉매로 작용합니다. 마그네슘의 주요 공급원은 녹색 채소인데, 식물의 엽록소에 포함된 마그네슘 이온이 식물의 광합성에 아주 중요한 역할을 하지요. 만약 식물의 엽록소에 마그네슘이 없다면 광합성이 불가능해지고 식물이 살 수 없게 됩니다. 식물이 사라진다면 결국 지구상의 다른 생명체도 굶어 죽고 말 것입니다.



## 광물질을 함유한 물

온종일 하이킹을 한다고 생각해 봅시다. 하이킹은 무거운 배낭을 멘 채 산길을 오래 걸어야 합니다. 날씨가 더워 땀을 많이 흘릴 수 있어서 물은 반드시 챙겨야 하지요. 하이킹할 때 땀으로 손실된 수분을 보충하려면 어떤 종류의 물이 필요할까요?

소금물은 갈증을 더 일으킬 수 있기 때문에 염분이 없는 담수를 마시는 편이 좋습니다. 하지만 땀을 아주 많이 흘렸다면 미네랄워터를 마시는 것이 가장 좋습니다. 미네랄워터는 '광천수'라고도 하는데, 칼슘과 마그네슘, 칼륨 등 광물질을 많이 함유한 물입니다. 몸에서 배출되는 땀은 우리 몸에서 수분과 염분을 가져가는데, 미네랄워터에 함유된 나트륨, 칼륨, 칼슘 같은 금속은 신체 내 세포들이 활동하는 데 꼭 필요한 물질이지요. 이 물질들은 특히 신경 세포에 더욱 중요합니다.

칼륨을 충분히 섭취하지 않고 뜨거운 태양 볕 아래에서 오래 걸으면 다리에 쥐가 나기 쉽습니다. 칼륨과 칼슘이 부족하면 신경과 근육이 비정상적으로 기능하기 때문이지요.



## 미량 금속

앞서 우리가 알아본 칼슘, 마그네슘 등은 신체 기관에서 많은 양이 필요합니다. 하루에 몇 그램 또는 수백 밀리그램이 필요한데 이런 금속은 '다량 금속'에 속합니다. 반면 아주 미미한 농도로 필요한 '미량 금속'도 있습니다. 다량 금속와 마찬가지로 이 미량 금속도 생명을 유지하는 데 꼭 필요합니다. 사람의 신체 기관은 구리, 망가니즈, 아연, 몰리브데넘, 바나듐, 심지어 은도 필요합니다. 다행히 이런 미량 금속 결핍에 대해서는 걱정할 필요 없습니다. 우리 몸이 필요로 하는 양의 미량 원소는 이미 음식물을 통해 충분히 섭취하고 있기 때문이지요.

## 바닷속 비료

바다는 새우, 오징어, 해초류와 같은 여러 가지 식재료를 인간에게 제공하는 것 외에 또 다른 중요한 일을 합니다. 특히 해초류는 산소를 많이 방출할 뿐만 아니라 갑각류, 물고기, 고래, 새를 비롯해 많은 동물에게 먹을거리를 제공하지요.

하지만 해초류가 여러 해양 동물을 먹여 살린다고 하더라도 해양 생태계 내에서의 생산성은 대체로 낮습니다. 해초류는 광합성이 필요해서 태양 빛이 다다르는 낮은 바다에서만 살 수 있기 때문이지요. 그리고 해초류의 생장에 필요한 미네랄 물질(금속 화합물)은 태양 빛이 닿지 않는 아주 깊은 바닷속으로 가라앉습니다. 깊은 바닷속 대륙과 해저산 근처의 해류가 수중 경사면에 부딪혀 위로 올라와 염분을 해수면 가까이 운반해 주긴 하지만, 넓고 깊은 바다는 해초류가 살아가기에 풍족하지는 않지요.

과학자들은 우리가 육지의 들판을 비옥하게 만들 듯이 바다도 비

옥하게 만들 수 있다고 말합니다. 예를 들어 배가 먼 대양으로 항해를 떠날 때 해초류에 부족한 철이나 미네랄 등을 바다 표면에 뿌리는 것이지요. 그렇게 하면 깊은 바다에서 살아가는 해초류도 낮은 바다에 사는 해초류처럼 빠르게 성장할지도 모릅니다. 해초류가 많아지면 갑각류 개체 수 역시 증가할 테고 갑각류를 먹이로 삼는 물고기 수도 늘어나게 되겠지요.

이런 기술은 아직 개발 중에 있습니다. 하지만 미래에는 사람들이 바다를 '텃밭'으로 여기며 가꾸기 시작할 것입니다. 이때는 물고기를 잡을 뿐만 아니라 바다 텃밭에서 물고기를 길러 먹을 수도 있겠지요.

## 설명할 수 없는 사랑

일부 유기체는 상상할 수 없는 양의 금속을 자기 몸에 축적하곤 합니다. 우리는 앞에서 바나듐을 축적하는 해양 생물인 우렁쉥이류의 해초강에 대해 다루었지요. 십자화과의 두해살이풀로 유라시아 대륙과 아프리카 등에 널리 분포하는 말냉이라는 식물은 아연과 카드뮴을 무척 좋아합니다. 어떤 곳에 말냉이가 많이 자라면 그곳에 아연과 카드뮴이 매장되어 있음을 뜻하지요. 아연과 카드뮴은 보통 쌍으로 붙어 다닙니다. 그래서 카드뮴은 종종 아연 광석의 혼합물로 발견되곤 하지요.



카드뮴은 매우 유독한 금속입니다. 이 금속이 많은 토양에는 식용 식물을 심을 수 없고 가축도 방목해 기르면 안 됩니다. 하지만 말냉이를 이용해서 카드뮴으로 오염된 토양을 정화할 수 있습니다. 말냉이를 오염된 토양에 심고 어느 정도 자라면 잘라서 그대로 두고 말립니다. 그다음 건조된 말냉이를 태우는 정화 작업을 몇 차례 거치면 토양은 화학적으로 안전해집니다.

콩과 식물인 황기는 스트론튬을 선

별적으로 축적합니다. 황기보다 스트론튬에 더 강한 애착을 갖는 식물도 있습니다. 말냉이와 마찬가지로 십자화과의 두해살이풀인 장대나물이지요. 말냉이와 장대나물 같은 식물은 토양을 깨끗하게 만드는 데 큰 도움이 됩니다.

## 유독 물질, 중금속

몸에 들어가면 해로운 금속이나 금속 화합물도 다수 존재합니다. 예를 들어 수은, 탈륨, 납과 같은 금속은 몸에 축적되면 배출이 잘되지 않습니다. 그래서 인체에 무해할 정도로 아주 소량의 중금속이라도 정기적으로 복용하면 몸에 쌓여서 위험한 수준의 농도에 도달할 수 있습니다. 수은을 포함해 많은 중금속은 신경계와 정신 건강에 좋지 않은 영향을 미칩니다. 몸 안에 중금속 농도가 높아지면 사람이 며칠 만에 사망에 이르기도 하지요. 반도체 재료로 쓰이는 안티몬은 갑상선에 축적되어 독성을 으킵니다. 바륨은 심장을 멈추게 할 수도 있지요. 구리와 철처럼 우리 몸에 필요한 금속이라도 너무 많이 섭취하면 역시 위험

할 수 있습니다. 이런 이유로 식료품에 들어 있는 금속 함량은 매우 엄격하게 통제되고 있지요.

## 스트론튬의 위험성

스트론튬은 신체 기관의 어느 부분을 망가뜨리는 위험한 금속으로 알려져 있습니다. 하지만 놀랍게도 스트론튬 자체는 전혀 위험하지 않습니다. 심지어 스트론튬은 골다공증 치료에 종종 사용되기도 합니다. 골다공증은 노령층에서 자주 발생하는데, 뼈에서 칼슘이 빠져나가 뼈조직이 엉성해져 뼈의 강도가 약해지는 병입니다. 스트론튬은 화학적 성질이 칼슘과 매우 유사해서 두 금속을 형제라고 할 수 있을 정도입니다. 따라서 이런 유사성을 이용하면 칼슘 대신 스트론튬 이온으로 뼈를 단단하게 할 수 있습니다.



그렇다고 스트론튬이 칼슘과 완전히 같은 역할을 하는 물질은 아닙니다. 칼슘은 혈액에서 뼈로, 또 뼈에서 혈액으로 쉽게 이동할 수 있지만 스트론튬은 한 번 뼈조직에 들어가면 오랫동안 그 안에 남아 있기 때문이지요.

신체 기관 내에 스트론튬의 방사성 동위 원소가 있다고 상상해 봅시다. 예를 들어 방사성 스트론튬은 원자력 발전소의 원자로에서 대량으로 만들어지는데, 사고가 일어나서 유출되면 자연환경에 악영향을 미칩니다. 마찬가지로 이런 방사성 물질이 신체 기관에 남아 있다면 끔찍한 일이 되겠지요.

어떤 방사성 원소라도 신체 기관에는 좋은 물질이 아닙니다. 대부분의 방사성 원소는 몸 안에서 빠르게 배출되지만 스트론튬의 방사성 동위 원소는 오랜 시간 동안 몇 년에 걸쳐 적혈구를 만드는 조혈 기관인 골수 옆의 뼈에 정착합니다. 이때 스트론튬 방사성 동위 원소가 칼슘 대신 뼈에 자리 잡게 되면 아주 위험해지지요.



## 길가의 버섯들

고속도로 옆에서 자란 버섯은 되도록 먹으면 안 됩니다. 버섯은 납 같은 중금속을 축적하는 성질을 지녔기 때문이지요. 버섯은 열렬한 수집가라는 별명을 붙여도 될 정도로 균사체의 모든 표면에 유기물과 무기물질을 가능한 많이 흡수하려고 애씁니다. 그렇다면 고속도로에는 왜 납이 많을까요?

1990년대 초반까지 납의 화합물인 테트라에틸 납을 첨가한 가솔린 가스를 자동차 연료로 많이 사용했습니다. 자동차 연료 혼합물이 한 번에 연소되면 모터에 안 좋은 영향을 미치는데, 테트라에틸 납을 첨가하면 연료 혼합물이 한꺼번에 확 타오르는 것을 방지했지요. 테트라에틸 납을 가솔린에 첨가하면 자동

차 수명을 늘리는 데는 도움이 되었지만, 고속도로 근처에 사는 사람들에게는 좋지 않은 일이었습니다. 배출된 배기가스와 납이 함께 날아와 토양에 내려앉았기 때문이지요. 이런 이유로 도로 주변이나, 중금속에 오염된 토양에서 자란 버섯은 독성 물질을 뒤집어쓰는 셈입니다.



## 뿌리껍질에 쌓이는 중금속

그렇다면 오염된 토양에서 자란 식물은 먹어도 될까요? 그리고 그 식물을 먹고 자란 소가 만든 우유에는 독성 물질이 없을까요?

식물은 균사체와 달리 모든 물질을 무분별하게 흡수하지는 않습니다. 또한 식물 뿌리에는 중금속을 막기 위한 특별한 장벽이 있습니다. 뿌리의 외피, 즉 뿌리의 껍질이 바로 그것입니다. 중금속은 이 뿌리껍질에만 축적되고 식물 내부로 침투하지는 못하지요. 아주 많은 양의 중금속에 오염된 토양이라면 어떨까요? 이때 중금속은 식물 뿌리의 '장벽'을 뚫고 어느 정도 침투하는데 그것을 눈으로 확인할 수 있습니다. 식물의 뿌리와 잎이 중금속 중독으로 흉하게 바뀌기 때문이지요.

따라서 당근, 비트루트, 무와 같은 뿌리 작물은 도로 옆에서 재배하지 않는 것이 좋습니다. 뿌리껍질에 중금속이 가장 많이 쌓이기 때문입니다. 식물 뿌리가 아니라 상부, 예를 들면 밀이나 벼처럼 씨앗을 먹는 것은 덜 위험합니다. 식물 상부에 있는 수확물은 먼지와 중금속을 꼼꼼하게 씻으면 비교적 안전합니다. 중금속으로 약간 오염된 토양에서 젖소가 풀을 먹더라도, 그 젖소에서 나온 우유는 마셔도 괜찮습니다. 납은 풀잎에 침투하지 않기 때문에 우유에는 들어 있지 않으니까요.

## 금속 해독제

일부 금속은 독극물을 대처하는 데 도움이 됩니다. 예를 들어 탈륨과 방사성 세슘은 철염인 프러시안블루를 통해 신체 기관에서 배출됩니다. 황산 바륨(앞에서 심장을 멈추게 할 수 있다는 그 바륨이지요)은 액체에 녹지 않는 완전한 불용성의 성질을 지녀서 위액, 장액, 혈액에도 흡수되지 않기 때문에 위나 장에 모여 몸 밖으로 배출됩니다. 그래서 황산 바륨은 병원에서 X-선 조영제로 위나 장 등 소화 기관을 촬영할 때 사용합니다. 바륨은 적이자 친구가 될 수 있다는 것이 밝혀진 셈이지요.

맺음말

# 금속의 소중한 쓸모에 대하여

자, 이제 세상에 존재하는 다양한 금속을 살펴보는 여정이 끝났습니다. 이 책을 읽고 알게 되었듯 금속은 우리 삶을 편리하게 만들 뿐만 아니라, 지구 생명체가 살아가는 데 꼭 필요한 물질입니다. 심지어 인간에게 그다지 쓸모없는 금속이라도 지구 전체로 본다면 중요하지 않은 금속은 하나도 없습니다. 이 작은 책에서 세상의 금속에 대해 모두 다룰 수는 없지만 한 가지 중요한 사실은, 현대인은 금속에 대한 지식 없이는 할 수 있는 일이 많지 않다는 점입니다. 금속을 쓸모 있고 이로운 방향으로 활용하는 것은 여러분이 금속과 금속 화합물의 특성을 얼마나 잘 아는지에 달려 있습니다.

멘델레예프의

# 원소 주기율표

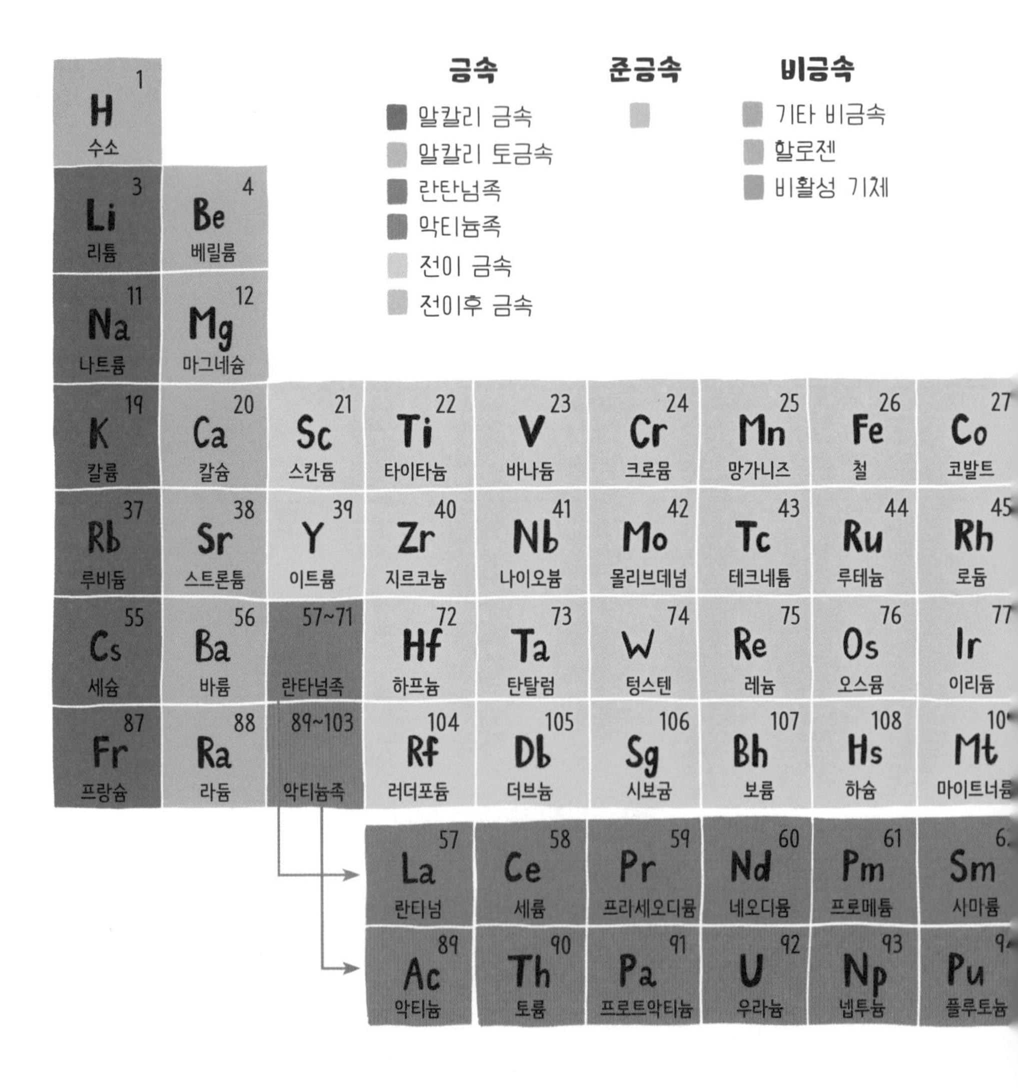

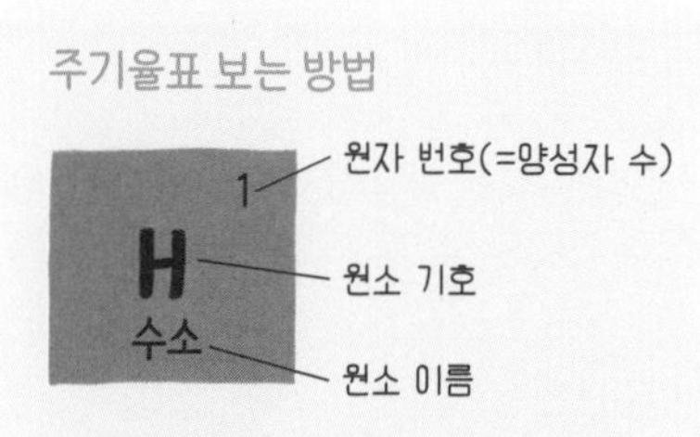


| | | | | | | | | |
|---|---|---|---|---|---|---|---|---|
| | | | | | | | | 2 He 헬륨 |
| | | | 5 B 붕소 | 6 C 탄소 | 7 N 질소 | 8 O 산소 | 9 F 플루오린 | 10 Ne 네온 |
| | | | 13 Al 알루미늄 | 14 Si 규소 | 15 P 인 | 16 S 황 | 17 Cl 염소 | 18 Ar 아르곤 |
| 28 Ni 니켈 | 29 Cu 구리 | 30 Zn 아연 | 31 Ga 갈륨 | 32 Ge 저마늄 | 33 As 비소 | 34 Se 셀레늄 | 35 Br 브로민 | 36 Kr 크립톤 |
| 46 Pd 팔라듐 | 47 Ag 은 | 48 Cd 카드뮴 | 49 In 인듐 | 50 Sn 주석 | 51 Sb 안티모니 | 52 Te 텔루륨 | 53 I 아이오딘 | 54 Xe 제논 |
| 78 Pt 백금 | 79 Au 금 | 80 Hg 수은 | 81 Tl 탈륨 | 82 Pb 납 | 83 Bi 비스무트 | 84 Po 폴로늄 | 85 At 아스타틴 | 86 Rn 라돈 |
| 110 Ds 다름슈타튬 | 111 Rg 뢴트게늄 | 112 Cn 코페르니슘 | 113 Nh 니호늄 | 114 Fl 플레로븀 | 115 Mc 모스코븀 | 116 Lv 리버모륨 | 117 Ts 테네신 | 118 Og 오가네손 |

| | | | | | | | | |
|---|---|---|---|---|---|---|---|---|
| 63 Eu 유로퓸 | 64 Gd 가돌리늄 | 65 Tb 터븀 | 66 Dy 디스프로슘 | 67 Ho 홀뮴 | 68 Er 어븀 | 69 Tm 툴륨 | 70 Yb 이터븀 | 71 Lu 루테튬 |
| 95 Am 아메리슘 | 96 Cm 퀴륨 | 97 Bk 버클륨 | 98 Cf 캘리포늄 | 99 Es 아인슈타이늄 | 100 Fm 페르뮴 | 101 Md 멘델레븀 | 102 No 노벨륨 | 103 Lr 로렌슘 |

# 금속의 쓸모

**1판 1쇄 발행일** 2023년 8월 7일
**글쓴이** 표트르 발치트 **그린이** 빅토리야 스테블레바 **옮긴이** 기도현 **감수** 김경숙
**펴낸곳** (주)도서출판 북멘토 **펴낸이** 김태완
**편집주간** 이은아 **편집** 변은숙, 김경란, 조정우 **디자인** 안상준 **마케팅** 강보람, 민지원, 염승연
**출판등록** 제6-800호(2006. 6. 13.)
**주소** 03990 서울시 마포구 월드컵북로 6길 69(연남동 567-11) IK빌딩 3층
**전화** 02-332-4885 **팩스** 02-6021-4885
bookmentorbooks.co.kr bookmentorbooks@hanmail.net
bookmentorbooks__ bookmentorbooks



ISBN 978-89-6319-521-6 43430

29
Cu
Au
79
30
Zn
925

50
29
Cu
Au
79
Zn
30
1
925

Cu 29
Fe
Au 79
Zn 30
925

50
Cu 29
Au 79
Zn 30
925
1